奥妙科普系列丛书

DISCOVERY

让青少年着迷
的科普书
彩图珍藏版

奇妙的
生命世界

安立珍◎编著

吉林出版集团股份有限公司·全国百佳图书出版单位

图书在版编目 (CIP) 数据

奇妙的生命世界 / 安立珍编著 . -- 长春：吉林出版集团股份有限公司， 2013.12（2021.12 重印）
（奥妙科普系列丛书）

ISBN 978-7-5534-3902-0

Ⅰ . ①奇… Ⅱ . ①安… Ⅲ . ①生命科学—青年读物 ②生命科学—少年读物 Ⅳ . ① Q1-0

中国版本图书馆 CIP 数据核字 (2013) 第 317309 号

QIMIAO DE SHENGMING SHIJIE

奇 妙 的 生 命 世 界

编　　著：安立珍
责任编辑：孙　婷
封面设计：晴晨工作室
版式设计：晴晨工作室
出　　版：吉林出版集团股份有限公司
发　　行：吉林出版集团青少年书刊发行有限公司
地　　址：长春市福祉大路 5788 号
邮政编码：130021
电　　话：0431-81629800
印　　刷：永清县晔盛亚胶印有限公司
版　　次：2014 年 3 月第 1 版
印　　次：2021 年 12 月第 5 次印刷
开　　本：710mm×1000mm　　1/16
印　　张：12
字　　数：176 千字
书　　号：ISBN 978-7-5534-3902-0
定　　价：45.00 元

前言

Foreword

在蔚蓝的地球上生活着丰富多彩的动物、植物，你知道这些生命是如何形成的吗？世界上最早的生命是什么样的？当你看了下面的文章后，相信你对生命会有全新的认识。

本书分为六章，分别阐述了生命起源的假说、生命进化的进程、人类进化的历程、生命的密码、人类奇妙的生命现象、自然界生命之谜。从微观的细胞和基因到宏观的生物进化都有详细的讲述，下面就跟着本书走进科学的世界，去认识生命的奥秘。

目录

CONTENTS

第三章　人类从哪里来

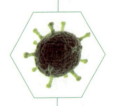

第四章　解开生命的密码

目录

CONTENTS

第五章　人类奇妙的生命现象

第六章　自然生命之谜

目录

第一章
生命起源的假说

　　关于生命的起源，众说纷纭，世界上不同的角落有不同的说法。如创造论、盘古开天辟地传说、女娲造人传说、海洋起源甚至是外星移民等说法。然而我们地球上的生命起源到底是什么呢？即使到了科学异常发达的今天，还是会有很多种不同的说法。

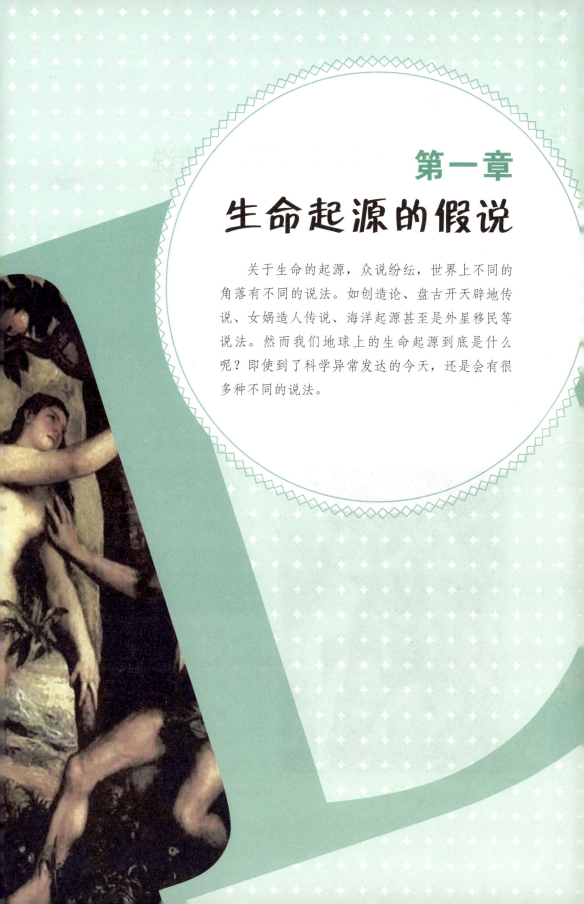

Part1 第一章

生命起源的传说

古时候，科学远远没有现在这么发达，许多事情人们都无法解释，于是便把这些事情神化，认为是神的造化。

关于生命起源的神化论，东方和西方分别有两种截然不同的版本。西方流行的是神创论，而东方是盘古开天辟地传说。

神创论认为世界上的一切都是上帝创造的，否认了一切事物自然形成的说法。《圣经》中记载：起初，上神创造了天与地，宇宙初始之时是无边无际的黑暗。上帝不满这无边无际的黑暗，于是，第一天，神创造了光，把光和暗分开，世上便有了昼夜；第二天，神创造了空气，将水分为上下，空气以上的水称为天，有晚上，有早晨；第三天，神说天下的水要聚在一块，使旱地露出来，将旱地称为地，将聚集在一起的水称为海；第四天，神说地要青草、结种子的菜蔬、结果子的树木，各从其类，果子都包着核；第五天，神说天上要有光体，可以分昼夜，作记号、定节令、日子和年岁，并要发光体在天空，普照大地，于是神就创造了太阳和月亮，太阳管昼，

❖ 亚当和夏娃偷吃禁果

月亮管夜，随后神又造众星，把它们摆列在天空，便有了满天星辰；第六天，神说水里要多滋生各种有生命的物体，要有雀鸟飞在天空中，地面上要生出活的物体来，于是神就造出了鱼和各种水里的生物，又造出了在天空中自由翱翔的飞鸟和大地上的牲畜、昆虫、野兽；第七天，神说要按照我们的形象造人，使他们管理海里的鱼，空中的鸟，地上的一切，于是神就照着自己的形象造人，有男有女。神赐福于他们，并对他们说：要生养众多，世代在大地上繁衍，并管理世界上的一切。

❖ 女娲用五色石补天

　　这是西方《圣经》中有关世界诞生的传说。原本混沌一片的世界，经过上帝的创造，终于变得生机勃勃起来了。

　　在中国，盘古开天辟地的传说流传了很久。中国的古人认为盘古是人类始祖，他开辟了天地，以自身化为世间的万物。

　　传说世界在最开始的时候，还是混沌一团，在混沌中昏睡着一个巨人，他就是盘古。在昏睡了一万八千年后，盘古终于醒来了。醒来后的盘古发现世界都处于混沌之中，于是他拔出自己的一颗牙齿，将它转化作一把巨大的神斧，将天地从中分开。随后天空越来越高，大地则不断地下沉，从此就有了天地之分，世界不再是漆黑的一片。

知识小链接

　　现代科学已经证实了，生命的起源来自海洋，并且是一个自然形成的过程，而并非是被创造出来的。生命的形成是一个非常漫长的过程，经历了数个阶段，最终形成了现如今不同的物种。

　　劈开天地后，盘古担心天地有一天还会再次合上，于是双手撑天，双足抵地。盘古的身体一天内变幻多次，他每长高一次，天空就随之

❖ 盘古开天

而升高一次，大地的厚度也随之增厚一次。就这样经过了一万八千年之后，盘古长成了顶天立地的巨人，天空已经被他撑得高不可及，大地也变得厚不知底。又不知道过了多少年，盘古耗尽了自己的最后一份力气，慢慢地躺在了地上，闭上了双眼。

盘古死后，他的身体变成了日月星辰，山川河流，花草树木，飞鸟走兽，就连风和空气，也是盘古的身体变化而成的。盘古为世间的发展做出了这么大的贡献，所以在无数年后的今天，他也依然受到人们的尊敬。

在科学非常发达的今天，人们自然不会再相信神造论，人们通过了科学的手段，证实了这些说法都是远古人类子虚乌有的幻想罢了。

Part1 第一章

生命是从**非生命物质**中产生的吗

生命起源的自然发生说与神创论有着同样古老的历史，这种学说认为生命是从非生命物质中产生的。

从古希腊的亚里士多德到近代的哈维、牛顿等学者，再到中国古代的名家，都坚信这一点，那就是生命可以从非生命物质中自然产生。例如，蛙生自泥土，蛀虫长自腐肉中。我国古代就有"腐草化萤"和"腐肉生蛆"这一说，当然，这些说法在科学发展到一定程度时都被否定了。但在科学不发达的时候，人们没有科学仪器，自然只能凭借肉眼所见，所以提出这样的学说也是无可厚非的。

路易斯·巴斯德（Louis Pasteur），法国微生物学家、化学家，近代微生物学的奠基人。

如今的科学家通过了大量的科学实验，证明生命起源的自然发生说是不准确的。

无数的科学家经过不懈的努力寻找生命的起源，直到法国微生物学家、化学家，近代微生物学的奠基人路易斯·巴斯德（1821~1895）的实验才最后真正否定了自然发生说。

根据他的发酵研究，巴斯德认为，生物在肉汤或者其他有机物中不可能会自然出生，如果这种可能成立的话，那么灭菌和菌种选育就变得无意义了。他为此做了一系列实验，其中最著名也最让人信服的实验是"鹅颈瓶实验"，这个实验非常简单，却证明了微生物不是来自其他没有生命的物质。

"鹅颈瓶"是一种带有弯曲细管的瓶子，瓶管处开口，空气可以自由进入瓶中，但是空气中的微生物却被阻挡在外，不能进入瓶中。然后巴斯德将营养液装入鹅颈瓶中，将液体煮至沸腾，用高温将微生物全部杀死，然后冷却处理。其结果就是，瓶中没有任何微生物存在。这时如果将曲颈管去掉，让外界的空气直接进入营养液中，不久就会有新的微生物在营养液中出现。由此可见微生物不是从营养液中自然发生的，而是来自于空气中的微生物。

这个看似简单的实验却首次证明了微生物不是自然发生的，也由此否定了地球上最初的生物是从非生命物质产生的，从侧面说明生物只能由同类产生。

知识小链接

生命是从非生命物质产生的，毫无疑问，这个说法是错误的；而生物只能由同类产生是毋庸置疑的。在日常生活中，虽然微观世界我们看不到，可是我们周围的石头等非生物物体，确实无法变成拥有生命的物体，这点我们是能真实看到的。而俗话说的："龙生龙，凤生凤，老鼠的儿子会打洞"也从另一个方面说明了生物只能由同类而产生的说法。

❖ 路易斯·巴斯德在他的化学实验室工作

Part1 第一章

地球生命是**星际移民**吗

关于地球上的生命起源，还有一种说法，就是地球上的生命来自于太空中的其他星球，我们很可能来自于另一个星球。

地球上的生命来自于宇宙太空，这可是一个大胆的说法。不同于其他关于生命起源的说法，仅仅局限于地球，而是把生命起源这个问题扩大到了整个宇宙层面上来探讨。这种说法认为：宇宙太空中的"生命胚种"可以随着陨石或者其他物质掉落在地球表面上，成为地球上生命万物的起源。

❖ 铁陨石小行星坠落

这种说法并不是没有依据的，科学家们在 1969 年就发现，澳大利亚麦启逊镇坠落的一颗碳质陨石里含有 18 种氨基酸，其中有 6 种氨基酸是生物的蛋白质分子必不可少的。科学家证实，某些有机分子是可以在星际尘埃表面产生的。如果这样，就有可能是这些有机分子附着在彗星或者陨石上来到地球，然后在地球上演化为最初的生命。无独有偶，2008 年英国科学家也在一颗陨石块中发现了基因块。这些发现都为证明地球上的生命来自其他星球提供了有力的证据。

知识小链接

科学发展到了今天，充满神秘的外太空也逐渐地揭开了她的面纱，人类探索的脚步到达了太空。在太阳系的其他类地行星中，尽管她们的许多条件都和地球很相似，可人们依然无法在上面寻找到生命的痕迹，因为它们没有地球这样得天独厚的环境优势。

难道地球上的生命真的是来自于外太空吗？但是在已发现的星球上，自然状况下生命是无法存活的，因为没有氧气；其他星球的上空更没有地球上空所独有的"臭氧层"，它们的温度或高或低，都没有地球的温度适宜；紫外线可以直接照射到地面上，具有强大的杀伤力，加上 X 射线和宇宙射线等，因此任何生物都无法存活。

而地球却有着得天独厚的生物生存条件。地球到太阳的距离远近适中，所以可以接受最合适的光照，为生命存活提供了最适宜的温度，生物才可能进行正常的生理活动。比如，生命的新陈代谢、植物的光合作用，这些生命活动都只有在合适的温度下才能正常有效地进行。

地球还有一个其他星球都无法比拟的优势，就是拥有天然屏障——大气层，这对于生命而言，是绝对不可缺少的。大气层可以遮挡住来自宇宙空间的强烈的紫外线的伤害；大气层还能保留地球表面接受光照时产生的温度，让地球的温度不会产生剧烈的变化。没有大气层的地球，或许就会跟其他没有生命的星球一样，孤寂地飘荡在宇宙中。

地球上有太多其他星球无可比拟的优势，所以地球上才出现了生命。这足以否认地球的生命源自外太空的说法，若这个猜测是真实的，为何人类在其他的星球上找不到生命的痕迹呢？

Part1 第一章

海洋——万物之源

地球被称为水球其实是有原因的，有人说，地球生命的起源来自于海洋。

据科学推算，地球海洋总面积约为 3.6 亿平方千米，占地球总面积的 71%，是陆地面积的 2.5 倍，在整个太阳系中，地球是唯一拥有海洋的行星。

地球距离太阳的远近、地球的质量、地球的大小、地球的运行轨迹及周转速度等因素相互配合，让地球表面产生了适中的温度。这种环境条件下使它的表面同时存在着 3 种不同状态的水，即液态、固态和气态。而其中大部分的水都集中在了海洋，地球上的水绝大部分是以液态海水的形式汇聚在一起，形成了一个巨大的含盐的汪洋世界。

❖ 海洋生物

地球上的海洋平均深度约为 3800 米，目前已知的最深海底是 11,034 米。而太平洋、大西洋和印度洋的平均深度都超过了 4000 米。地球总水量的 97% 都汇聚在这里。假如地球变成一个底部平坦的球面，那么地球将会变成一个真正意义上的"水球"，而这个水球的水深将达 2600 多米。

由于太阳照射，海洋每年会蒸发约 50.5 万立方千米的海水，向大气供应 87.5% 的水汽。相比之下，陆地上的淡水每年仅被蒸发掉 7.2 万立方千米，只占大气中水汽总量的 12.5%。陆地上蒸发的水汽上升凝结后，转化为雨或雪降落到陆地上。降落在陆地上的水每年约有4.7万立方千米沿江河一直注入大海，或直接渗入土层形成地下水，最终构成了地球上周而复始的水循环系统。研究生命起源的科学工作者形象地把海洋比作"生命的摇篮"。

知识小链接

从古至今，海洋都是冒险和财富的代名词，在海洋中，有许多未知的风险和机遇。许许多多的探险家投身海洋，有的人把生命给了海洋，有的人从海洋中带回了财富，海洋是地球上最为富饶的"土地"。

地球上几乎所有的民族都有过"创世"的神话，而与海洋有关的神话更是数不胜数。

北美的迪埃格诺族流传着这样的创世神话：起初时，这个世界上并不存在陆地，只有无边无际的原始海洋。在深深的海底，住着两兄弟，他们俩生来就没有睁开过双眼，因为一旦睁开眼睛，海洋中的盐水就会使他们变成瞎子。

一次，哥哥浮出海面举目远望，除了看到望不到边的汪洋大海之外，什么也没有。弟弟感到好奇也跟着浮了上来，半途中，他睁开了眼睛，眼睛一下子便瞎了，无法再继续往上浮，只好沉入海底。哥哥独自留在海面上，他想要创造陆地。刚开始，他弄了些红色的小蚂蚁，蚂蚁随后变得越来越多，它们用身体把海水填得严严实实，从此，陆地就出现在这个世界上。

然而，在各种版本的创世神话中，有关海神的故事和记载却少得可怜，最早出现有关海神记载的神话是在古巴比伦文明中。"艾亚"是居住在现今伊拉克东南部的巴比伦人崇敬的对象，

❖ 海盗船

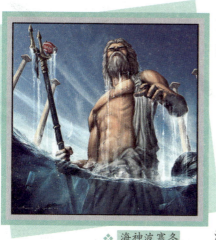

❖ 海神波塞冬

她是个海神，她的形状和童话中的美人鱼类似。在随后出现的克里特文明里，同样出现了海神的传说。地中海有一个叫克里特的小岛，游泳和潜水是这里居民的强项。公元前3000年，传说有个最出色的潜水勇士——夫鲁劳克斯投身于海洋之中寻找大海的秘密。上帝被他的无畏精神所打动，让他变成了一个不死的海神。

在西伯利亚——阿尔泰流传的创世神话是这样描述的：最初时，苍茫的世界什么都没有，唯一存在的东西便是水。上帝和魔鬼呈现出两只黑鹅的形状漂浮在原始海洋上。魔鬼总想比上帝升得高一些，却总是适得其反，总是沉入海底，每每都差点儿被淹死，于是他向上帝低头求援。上帝施展魔法将一块石头从海里升起，又叫魔鬼从海底抓了一把土，接着说："让世界有个固定的形状吧！"于是，这把土就快速生长并且变得坚硬。然而，魔鬼十分狡猾，他在给上帝抓土的同时，悄悄往自己口中塞了一把土，这把土也随着大地不断生长，最后快要堵住魔鬼的嘴了。上帝了解了这个情况，命令他把那土给吐出来，魔鬼吐出来的土就形成了我们现在的沼泽地，而魔鬼也被上帝幻化成了人的样子。

希腊神话中，所有海神的首领是波塞冬，他脾气暴躁，动起怒来就用三叉戟猛烈地击打海面，从而狂风四起。希腊人为让海神永远高兴，便在最危险的峭

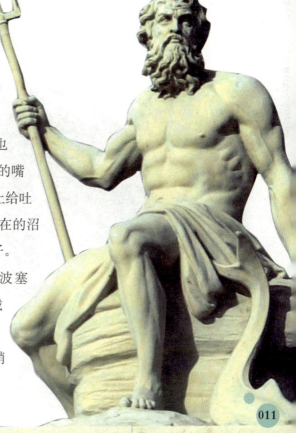

壁上修建了宏伟壮观的海神庙。

在我们古老的中华民族，这类海洋的神话更与人类的社会接近，除去龙王与虾兵蟹将之类的传说，还将海洋划分了界线，每个海洋都有一个特定的大王来统治。东至冀浙海滨，北到恒山燕山脚下，南达扬子江入海口，并以泰山为中心的这个三角形的地域就统称为"中州"，又名"中原"。而环绕着中原外围的便是 4 个海洋。

公元前 609 年，埃及有个求知欲十分强烈的统治者——法老尼科。他不满足于自己的船队只在地中海游弋的现状，他想了解更加广大的天地，于是就派出了船队去探知外面的世界。从此，人类对于海洋探索的篇章就拉开了序幕，一天天地开始延续。随着人类的脚步慢慢踏遍全球，人们发现了新的大陆和新的人群，感受到了不同的文化，不同的肤色，海洋成了这一部分人的家园，一直到后来，人们终于发现，海洋本是人类的母亲，地球上生命的起源。

Part1 第一章

海洋的形成

> 海洋是地球上生命的起源地，研究生命起源，就要先从海洋的出现说起，那么海洋究竟是怎样形成的呢？

地球表面大部分是水，如果从宇宙空间看地球，它是一个非常美丽的蓝色球体。据水文学家推算，在这个星球有水 14.5 亿立方千米，地表水占总量的 95%，地下水占 4%，而大气中也含有不到 1% 的水分。海洋是地表水集中地，差不多 98% 的地表水集中在海洋里。我们通常称河流、湖泊还有冰川的水为陆地水，而这三种水中，储水最多的是冰川，它的储水量大概是河流湖泊的 100 倍。

地球上为什么会有这么多水，而它又是从哪儿来的呢？有人说是天上掉下来的，因为天上会下雨、下雪，不管是雨还是雪，最终都变成地面上的水。但是大气中的水汽是先由地面蒸发到空中而形成的，所以不管是雨还是雪，都是从地面上蒸发到空中然后遇到某种特定条件之后再回到地球上的。这样看来，地球上的水并不是来自于天上。

不是来自于天上，那么地球上这么多水到底是从哪里来的呢？

近些年来，人们对地球内部构造和成分认识得越来越深入，最后科学家们得出了这样的一个结论：地球上的水是来自地球内部的岩浆，是它爆发时分离挤压出来的水。在火山喷发的时候，常会伴有乌云，因为岩浆中含有 4% 到 10% 的水，巨大的火柱冲上天空，这喷出的火柱就是炽热的岩浆。

知识小链接

如果你有尝试过人类血液的咸度，那不妨再尝尝海水的咸度，虽然海水要比血液咸得多，但血液的咸与海水的咸，是属于同一类的。

岩浆中含有的水就随着岩浆从地幔中冒出来，虽然它们当时的形态还只是水汽，但是当它们冲向高空，慢慢凝聚冷却降落下来就是雨。根据地质学家的检测结果，火山爆发时产生的气体，水汽含量高达 75% 以上。比较著名的美国阿拉斯加州卡特迈火山区的万烟谷，单单是喷气孔就多达十万余个，它们每秒喷发出来的水汽就达 23,000 立方米。再比如，1906 年意大利维苏威火山爆发时，水汽柱竟高达 13,000 米，而且这种状态一直维持了二十多个小时。

故此，我们可以推断出来，地球上的水大都是从至少 100 千米以下的地幔中产生的。但是，很早以前的地球表面温度极高，高到不可能存在液态水，只能呈水汽状态升腾漂浮在上空，水汽愈多，乌云就越来越多，越积越厚，从而遮挡了阳光对地表的直射，地面的温度开始渐渐降了下来。一直到地表温度降到 100℃ 以下，水汽才冷凝成液态水降落到地面上，这就是地球上的第一场雨。当岩浆中喷出的水汽 99% 冷凝成水滴落到地表上时，海洋便诞生了。

美国恩格尔说过这样的一段话，生动有趣地描述了海洋以及地球上众多事物发展的经过："海很老，几乎难以想象它究竟有多老了，但是，值得我们注意的是，地球本身比海洋还是要古老一点。如果硬是要用个什么例子来说明一下地球究竟有多老，我们不妨将地质年代同 12 个月的时间进行比较。

如果我们说地球是在 1 月形成，地壳在 2 月凝结，那么，远古的海洋应该就是在 3 月里出现的，同样的，最早的生物在 4 月出现，最早的化石则是在 5 月里形成，而恐龙这种生物会在 12 月的中旬盛极一时，而最早的灵长目动物则会在 12 月 26 日出现。人呢？人的时代或许到了最后一天才开始的吧？实际上，真正的从动物演变成人的时间应该是在第 365 天的晚间 9 点 43 分。

014

Part1 第一章

人与海洋

阳光是生物进行生命活动必不可缺少的元素，但是为什么太阳系众多星球上，唯独地球出现了生命呢？

对于以上的问题，只有一个解释，那就是对于生命而言，水的作用比阳光更为重要。因为宇航员身在茫茫的星空时，所看到的太阳系中只有地球是披着湛蓝色外衣的星球，这件湛蓝色的外衣就是地球上的海洋。通过对大量的天文资料研究分析后，科学家们更加坚信：大海，是生命的摇篮，是生命的起点，地球上的生物来自于海洋早期生物。

当人们用达尔文生物进化论观点去研究海洋与生命有何联系时，竟然惊奇地发现：海洋是世界上一切生物包括我们人类的发源地，从原始生命出现在海洋中的那一刻起，生命经历了一个复杂的进化过程——从单细胞生物到鱼类，到两栖类，到爬行类，再到哺乳动物，最后到今天的人类。我们依稀可以从自身看到海洋的印记。

如果用生物进化论来解释，其实人类与鱼类一样，都是起源于水。人类的远祖在水中生活时也有用于在水里呼吸的鳃。人的胚胎在发育阶段还有鱼一样的鳃裂，随着胚胎的发育会渐渐消失，这是大海留给人类的印记。每个人都应该有这样的亲身经历，吸吮过自己流出的血，血是什么味道？血是咸的。这说明人类的血液和海水有着密不可分的联系。

俄罗斯科学家夫·弗·杰尔普戈利茨曾经做过一次海水和血液的对比试验，试验结果令人惊讶，血液中的化学元素相对含量和海水有着惊人的相似度。在海水中，氯为55％、钠为30.6％、氧为5.6％、钾为1.1％、钙为1.2％，还有6.5%的其他元素，海水含盐量是3%到3.5；然而人体血液中，氯为49.3％、钠为30％、氧为9.9％、钾为1.8％、钙为0.8％，其他元素的含量是8.2％，含盐量是1.0％。尽管人血的含盐度比一般的海水要低，却比世界上最淡的波罗的海的含盐度要高出很多，要知道，波罗的海的含盐度仅仅只有0.2%到0.3%。由此可见，人类发源于海洋的说法是有充分根据的。

况且，在原始生命诞生时期，海洋中的水并不像现在这般含有那么多的盐分。后来陆地上的矿物质分解的盐分逐渐流入海洋，海洋的含盐量才越来越高。这是科学家在地球历史考察中得到的结论，在远古时期，海水的含盐量并没有今天高，只相当于人类血液的咸度。

我们可以设想，人类的远祖在刚刚登陆岸上时，体内还保留着海中物质，以后世代繁衍，现在的人类也许仍然保留适合在海洋中生存的条件，或许有一天人类还会回归海洋。

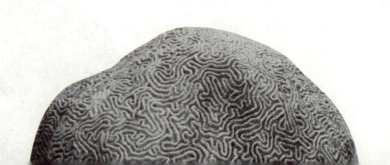

Part1 第一章

热泉**生态系统**学说

> 一度有学者认为，在地底深处，存在着"地层下生物圈"，它们不需要阳光和氧气就能生存。

现在人们统一的认识是，地球表面的所有物种共同构成了一个生物圈——地球生物圈。而我们所熟知的"食物链"就是人们围绕着食物，把不同生物体紧密联系在一起的一种秩序。当然，绿色植物是这条食物链最基础的部分，而绿色植物生长则要依靠光合作用，将碳、氧以及水变为有机物质，如此一来，便构成了地球上动物们取之不尽的食粮，这就是所谓的"光合食物链"，围绕光合食物链的各个链条便随之延长，这就是地球生物圈。

然而，另一个生物群落的出现却使传统的"光合食物链"的理论被打破。它就是在大洋深海底的"热泉口"生物群落，人们在海底进行科学考察时，在深达 6000 米深的岩芯中发现了微生物生命的痕迹。于是便有人提出了"地层下生物圈"的假说，认为在地层深处，有这样一个不为人知的世界，它们不太依赖阳光和氧气就能繁衍生息，并由此联想到，在太平洋加拉帕戈斯群岛附近洋底热泉处发现的生命群落，或许就是"地层下生物圈"的生态形式。虽然热泉生态系统学说还有待证实，但是深海热泉微生物群落的发现，为生物学家的理论突破以及为太阳系外的宇宙空间存在生命现象的推断提供了可供研究的佐证。

20世纪70年代末，科学家们在东太平洋的加拉帕戈斯群岛附近陆

知识小链接

人们围绕着食物将不同的生命联系在一起，称为"食物链"。然后将"食物链"中的不同生物分为不同的等级，最基础的等级就是绿色植物。

续发现了几处深海热泉，围绕在热泉附近生活着许多生物，有蛤类、管栖蠕虫和细菌等生命力强的生物群落。它们大都生活在一个高压、高温、缺氧、无光和偏酸的环境中，更让人意想不到的是热泉喷口附近的温度高达300℃以上。生活在这里的微生物依靠热泉喷出的硫化物而取得能量，而后再由自身生成有机物。围绕在它周围的其他的海底动物就以这些细菌为食物来维持生命。到目前为止，科学家们在地球板块结合的海域已经先后发现数十个类似的深海热泉生态系统。

关于生命的来源还有另一个说法，它和水的形成一致：生命起源于火山喷发。

科学家们在对火山岩石研究时发现，火山岩石的表面有一层很薄的有机物。经过科学家进一步的研究发现，生活在火山岩石表层的有机物诞生于火山喷发时产生于火山口的蘑菇云中，并依此推断，原始生命可能是亿万年前的火山作用下而产生的。

当火山喷发时，火山口冲出的气体高达1200℃，这些气体冲出火山口变成天空的蘑菇云后，温度就会骤降至150℃~300℃。在火山爆发的过程中，蘑菇云中的一氧化碳、氢以及起催化剂作用的磁铁矿之间产生化学反应，简单的有机化合物就在这种情况下诞生了。而且，又有研究数据显示，在数十亿年前，地球表面的含氧量远没有现在多，在这种情况下，当时的火山喷发所产生的蘑菇云仅仅比现在的温度高200℃左右。这种条件下更适合发生化学反应，合成有机化合物和氨基

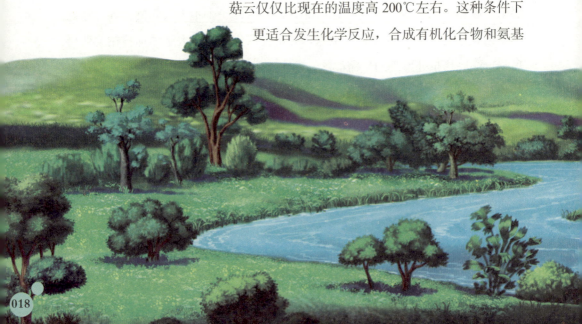

酸的机会比现在要大得多。这些物质降落到地面之后，逐渐演变成生物最基础的形式——核糖核酸分子，然后就可能产生了最原始的细胞。

让科学家们把热泉生态系统与生命的起源联系到一起的原因主要有两个：

（1）热泉喷口与地球早期的环境极为相似，都是有着温度极高的环境，以及存在大量的硫化物、甲烷、氢气和二氧化碳等。

（2）热泉喷口附近的环境与现今所发现的古细菌生活的环境也十分相似：都具有高温、缺氧、含硫和偏酸的特点。

以原核生物为代表的热泉微生物群落很好地诠释了生命起源之后第一个地表微生物生态系统。也许，生命就是起源于40亿年前地球浅层某处，而热泉和海底"黑烟囱"打开了生命从地下发展到地上的窗口。地球在经历了恶劣的早期阶段之后，在35亿年前早期生命开始快速分异和进化。热泉喷口附近的环境可以避免外界的伤害，所以说热泉生态系统是孕育生命的理想场所。

但是一部分学者则认为：生命还有可能是先从陆地表面出现，而后发展到深海热泉喷口周围的。因此，他们认为这些喷口附近的生物不是地球上第一批出现的生物，而是和地球其他生物一样，有着共同祖先。

Part1 第一章

生命起源的**时间**

迄今为止，我们发现的最古老的生物化石是来自澳大利亚西部，距今约35亿年前的岩石，这些化石类似于现在的蓝藻，它是一些原始的生命，用肉眼是看不见的。

它的大小只有几微米到几十微米，因此我们可以说，生命起源不晚于35亿年前。同时我们知道地球的形成时间大约在46亿年前，有这两个数据我们就可以看到生命起源的年龄，大致可以界定在距今46亿到35亿年前之间。

今天，随着科学的发展，地质学家认为，在地球形成的早期，地球受到了大量的小行星和陨石的撞击，它是不适合生命生存的。与其说当时地球上有生

❖ 地球上古老的陨石坑

命，还不如说它在毁灭生命，因此地球上生命起源的时间，它不早于40亿年前。另外，在格陵兰岛发现的38.5亿年前的岩石中含有碳，我们可以根据轻碳和重碳之比，推测这些碳的来源。科学家根据碳的同位素分析，推测这些碳是有机碳，是来源于生物体。也就是说，生命起源的时间大约在距今40亿到38亿年前之间。自从地球上生命起源之后，一直到现在40亿年，就是生生不息的生命演化史。

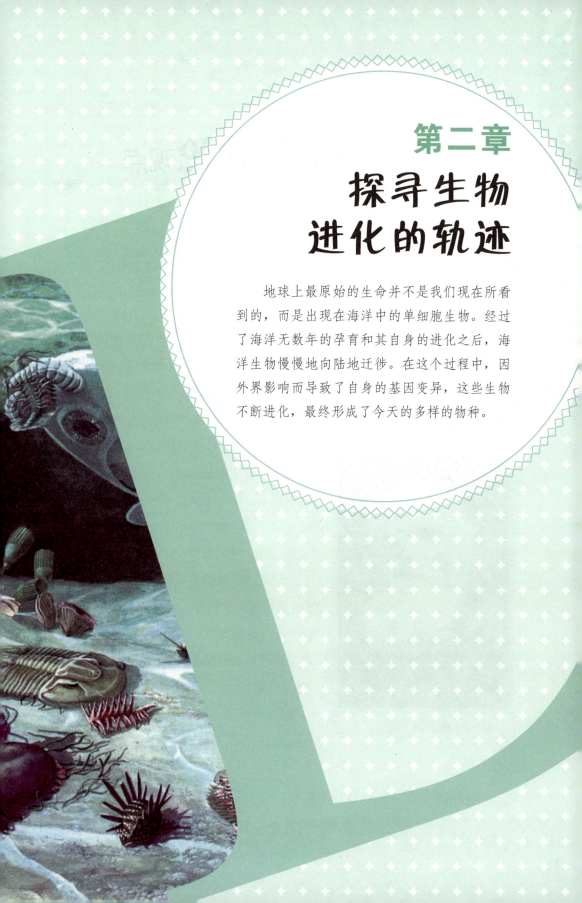

第二章
探寻生物
进化的轨迹

地球上最原始的生命并不是我们现在所看到的，而是出现在海洋中的单细胞生物。经过了海洋无数年的孕育和其自身的进化之后，海洋生物慢慢地向陆地迁徙。在这个过程中，因外界影响而导致了自身的基因变异，这些生物不断进化，最终形成了今天的多样的物种。

■ Part2 第二章

达尔文提出**进化论**观点

> 因为一个偶然的机会，经过观察和研究进而得出了生物进化论。他就是达尔文，他的进化论是解释生物进化的重要理论之一。

英国军部于 1831 年 12 月派军官费茨罗伊乘"小猎犬"号军舰前去南美等地海岸勘探，他邀请了一些各领域的专家同行。本来邀请的人中是没有达尔文的，因为有位学者临时有事退出，这时汉斯罗教授就向军官极力推荐了达尔文。这个军官是个相信面相学的人，当他看到达尔文的长相后，

❖ 查尔斯·罗伯特·达尔文

开始怀疑这个长着肉头鼻的年轻人是否有勇气和毅力完成这次艰难的旅行，在汉斯罗教授的一再举荐下，达尔文获得了环球考察的资格。就是这样一次旅程，开拓了达尔文的见识，同时也为进化论的提出奠定了基础。

"小猎犬"舰船是从朴茨茅斯港出发的，他们先穿过北大西洋，抵达巴西的巴伊亚，而后沿南美东海岸一路向南，到达里约热内卢，再经南大西洋的火地岛、福克兰群岛，绕过合恩角，一路经过秘鲁圣地亚哥、加拉帕戈斯群岛、新西兰、塔西提岛、马达加斯加岛，于 1836 年 10 月 2 日返航回到英国。

此次出游历时 5 年，行程数万千米，一路上遇到的艰辛自不必说，但却

大大地开阔了达尔文的眼界。每到一处，达尔文都会对当地的动植物进行详细的记录与考察。在他的记录中，有因为外来生物——猪、羊的入侵而彻底毁灭了的欧洲的圣赫勒拿岛上的森林，随之消亡的还有 8 种软体生物的谜；也有因大量饲养畜类而导致植被破坏，致使当地许多动物和植物的自然演化进程被打乱的记录。生物多样性遭到严重破坏，羊驼、野鹿、鸵鸟等本土物种濒临灭绝。

达尔文在观察火地岛水下大海藻森林生态系统时，发现了海底火山与珊瑚环礁存在着密不可分的关系。所以达尔文提出，如果有一天海藻森林遭破坏，那么以海藻为生的许多生物将会遭受灭顶之灾，还会波及到海豹、海獭、海鸟等动物。如果这一食物链破裂，那么最终受害的将是火地岛上生活的人类，这就是人类与周边生态系统的关系。

他在海上亲眼目睹了海中藻类和高山藻类造成的"红雪"发出的磷光是多么震撼，迁徙途中漫天飞雪般飘落到舰上的白色蝴蝶多么壮观，也目睹了巨鲸、鲣鸟、燕鸥、大螃蟹、卡拉鹰、兀鹰、火烈鸟、灶鸟、海蛞蝓、水豚、鬣蜥、墨斗鱼、刺鲀、企鹅、吸血蝠、各种甲虫、会发咔嗒声的蝴蝶、犰狳、驼马等各种各样的动物。在圣朱利安、布兰卡港和巴拉开那河岸等地，达尔文还亲自挖掘出乳齿象、大地獭、后弓兽、箭齿兽等多种早已灭绝的南美巨兽化石。达尔文还有一个巨大的发现：在与加拉帕戈斯群岛相距不远

而又被海洋隔绝

的一些火山岛上，燕雀、陆龟等同种生物相互之间存着一些差别。达尔文看到这些因自然的力量而改变的动物相当兴奋。然而他的发现不止这些，他认为一些动物还是过渡型，如一种地鼠正向鼹鼠演变；然而有些物种也将被大自然无情地淘汰，遇到干旱无法用双唇吃草的妮亚特牛就是这一类动物。

❖ 始祖鸟标本和复原图

随着接触的物种越来越多和研究的深入，达尔文也在思考一个问题：千姿百态的大自然为何会有这么多的物种，而人类跟它们又有怎样的关系？它们靠什么力量变幻得多姿多彩？各个物种间是否存在某种联系？达尔文见到的物种越多，他的疑问也就越多，最后他对神创论和物种不变论产生了怀疑。最后，他结合考察的地质情况提出了著名的生物进化论。

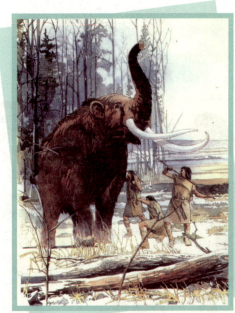

❖ 乳齿象复原图

达尔文进化论由 4 个子学说构成：

（1）地球上所有生物都源自同一祖先。分子生物学研究已经发现所有生物的遗传密码是相同的，并且所有生物在分子水平上的一致性很高，直接证明了达尔文这一论点的独到性和正确性。所以，这一结论是被目前科学界普遍接受的事实。

（2）物种是可变的，我们看到的物种都是由原始的物种转变而来的，一个物种可随着时间和环境的改变而改变。胚胎学、生物地理学、解剖学、古生物学、分子生物等各学科在以后的观察和试验中也证明了这一观点是正确

知识小链接

达尔文进化论提出了一种说法：大自然中物种的进化皆遵循着"物竞天择，适者生存"的法则。就是随着环境的改变，生物会做出不同的改变，然而最后存活下来的，是最适合此种环境的改变。

的。我们可以用仪器在实验室、野外观察到新物种诞生的过程。

（3）生物进化是循序渐进式的，而不是跳跃式进行的。生物进化是在自然条件背景下，用漫长的时间去累积微小的优势而渐变的过程。这一论点在随后的科学界引起了不小的争论，有许多科学家质疑这个论点的正确性，就是到了现代，仍有一些生物学家，尤其是古生物学家，认为生物进化应该是跃变式的，他们认为一些物种的形态和器官都是在跃变时改变的，微小的渐变方式不可能让它们和古生物发生如此大的改变。

（4）生物进化是自然选择的结果。物竞天择的论点已被证实是正确的。自然会改变生物的生活习性，会改变生物的外部形态，但是也有科学家指出，不能用自然选择来解释所有的进化现象。

■ Part2 第二章

生物进化的**主要纪元**

众所周知，地球上最先出现的生命并不是现在这种形态，而是经过了一个漫长的进化过程，才形成了现在的这种形态。

科学界根据不同的进化程度，把地球上生物的进化分为 5 个重要时期，分别是太古代、元古代、古生代、中生代和新生代。

有些"代"还被细分为了若干"纪"，古生代是大家最熟悉的一个时期，由远到近可划分为寒武纪、奥陶纪、志留纪、泥盆纪、石炭纪和二叠纪；中生代同样是

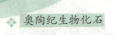

❖ 奥陶纪生物化石

生物比较活跃的时期，可划分为三叠纪、侏罗纪和白垩纪；新生代则可划分为古近纪、新近纪和第四纪。这是我们人类根据生物和地质变化将重要的时期进行的粗略划分，我们将之统称为"地质年代"。在不同的地质年代，地质和生物都有不同的特征。早在 24 亿年以前的太古代，地球表面逐渐形成了

大气圈、水圈和岩石圈。那时的地质环境还很原始，所以地核非常不稳定，到处可见火山喷发的场面，火红的岩浆四处蔓延。海洋占据着大部分地球，即使有露出的陆地，上面也是秃山。这样的环境对生物来说非常恶劣，但却是铁矿形成的重要时期，低等的原始生命，从这个时候开始出现。

最古老的地质时期当数太古代了，这个时期是原始生命出现的关键时期，属于生物演化的初级阶段，它们主要以原核生物的形态出现，现在我们只有极少数的化石作参考。而从非生物界看，这个时期则是特殊沉淀物形成的重要时期，是一个重要的成矿时期。因为太古代时地壳较现在要薄、火山和岩浆活动强烈而频繁、岩层普遍遭受变形与变质、大气圈与水圈都缺少自由氧，所以是硅铝质地壳形成并不断增长的时期。

从距今 24 亿到 6 亿年前是元古代。这个时代早期陆地大部分仍被海洋覆盖，但到了晚期陆地开始出现。

海生藻类和海洋无脊椎动物的祖先在这个时期出现。"元古代"顾名思义就是原始生物的时代。元古代的初期，地球表面已经形成一部分较大且相对稳定的大陆板块。元古代比太古代具有较为稳定的岩石圈构造，到了元古代稍晚的时期，大气圈已经含有少量氧气，随着原始植物的强盛和光合作用的加强，大气圈的含氧量逐步增加。到了元古代的中晚期，藻类植物开始大

❖ 三叠纪爬行动物

量出现。

元古代结束之后,地球进入了古生代,这个时代距今 6 亿~2.5 亿年。这个时期,海洋已经有几千种动物存在,无脊椎动物开始成为海洋中的主要生物。随后原始鱼类出现,并大量繁殖。这个时期最具代表性的是出现一种用鳍爬行的鱼,它第一次登上了大陆,并适应了陆地上的生活,成为最早的陆上脊椎动物。这就是两栖动物的祖先。与此同时,蕨类植物也在北半球的陆地上出现了,最高的甚至高达 30 多米。煤就是由这些植物演变而来的。

距今 5 亿年前进入了奥陶纪,它是古生代的第二个纪,这个时期前后延续了 6500 万年。和寒武纪不同,奥陶纪的生物进入了繁荣期,海生无脊椎动物生长最为活跃,其中以腕足类、鹦鹉螺类、三叶虫和笔石最具代表性。

早古生代最后一个纪是志留纪。同奥陶纪相比,志留纪的生物得到了进一步进化。志留纪中的海生无脊椎动物占了主导地位,是名副其实的海中霸主,但是它们各门中的内部组织还是有区别的。

晚古生代的泥盆纪是从 4.1 亿年前开始,它前后周期大概为 5500 万年。与早古生代相比,泥盆纪的地质面貌和生物形态均发生重大变化。与此同时,陆生植物、鱼形动物迅速发展,两栖动物出现在地球上。

到了石炭纪的时候,陆地面积进一步扩大,为陆生生物发展壮大提供了机会。这时地球上的气候适宜,为日后煤的形成创造了条件。

古生代最后一个纪是二叠纪,是煤炭形成的重要时期。二叠纪是从距今 2.95 亿年前开始,在距今 2.5 亿年前结束,前后经历 4500 万年,这段时期是生物发展的重要时期。

距今 2.5 亿年前时进入中生代,这段时间经历了约 1.8 亿年。以爬行动物为代表的陆地动物空前繁荣,人们熟悉的恐龙就出现在这个时期。这时,哺乳动物和鸟类出现在陆地上。这个时期,高级生物替代低级生物较为活跃,

❖ *海底的获得生物*

如蕨类植物消亡，裸子植物后来者居上。我们后人要感谢这些体型巨大的生物，是它们演变为今天的煤田和油田。

中生代从三叠纪开始。在这个时代，陆生爬行动物大量出现，古老的爬行动物被新的动物所取代，还有一些动物又重新回到海洋生活。哺乳动物在三叠纪末期开始出现。

侏罗纪是朋友们并不陌生的一个时期，它是中生代的第二个纪，陆地霸王——恐龙成为陆上主要的生物。翼龙和鸟类相继出现，哺乳动物也开始快速发展。在陆地上，裸子植物成为最常见的物种。

中生代的最后一个纪是白垩纪，同时也是各种动物空前繁荣的时期，海、陆、空是各种各样动物的天堂。这个时期是鸟类快速进化的时期，并具备近现代鸟类的各种特征。相比起来，哺乳动物的进化就慢了许多。这时有袋类和具有胎盘的兽类开始出现。海里的鱼类已和现在的鱼类有几分相似。

中生代是裸子植物空前发展的时期，同时也是爬行动物的时代。

在距今 7000 万年时，地球进入了一个崭新的时期——新生代，与前面几个时代相比，它持续的时间最短。在这个时期里，地球的面貌已经和现在相差无几。这个时代的显著特征是被子植物出现，以它为基础食物链的食草动物和食肉类哺乳动物繁衍生息。而这个时期最具有意义的是古猿渐渐进化成现代人，人类出现的历史虽然长达 240 万年，但与地球生物的进化进程相比，实在太短了。

Part2 第二章

植物是怎么出现的

一般来说，植物界的进化过程我们可以这样来理解：它们是从低级到高级，由简单变复杂，由单细胞结构进化到现在的多细胞结构，它们的生活环境也经历了从水生到陆生的过程。但是，现在仍有不少高等植物生活在水里，它们已经适应了水生生活，比如金鱼藻、狐尾藻等藻类。

在科学家研究过程中，对低等植物的具体进化史没有对高级植物了解的多。造成这种局面的原因可以归纳为以下几点：

首先，低等植物在地球上已经存在了很长时间，早在 30 亿年前它就作为地球上第一批生物出现了。而后，低等植物在进化过程中产生了多样性，具体表现在它的发展方向、途径以及外部形态都过于的庞杂多样，使研究人员无从入手。

❖ 苔藓

距今 4 亿多年前，高等植物开始出现。科学家们推断，高等植物是由具有世代交替现象的绿藻演变而来的。

高等植物是沿着两个方向发展的：以苔藓类植物为代表的有性世代植物，以维管植物为代表的无性世代植物。20 世纪曾一度流行的进化理论是：植物的发展是从藻类到苔藓再到蕨类的进化过程，现如今已经越来越少有人赞同了。

奇
妙
的
生
命
世
界

苔藓植物对于陆地生活的适应性是比较差的，所以，苔藓类植物在陆生植物中的地位也是次要的。

而与它相对应的维管植物因为有了维管组织，所以，在世代交替中比较占优势。因此，蕨类植物已经出现了发达的茎、根和叶的系统。而裸子植物更是进化出

❖ 植物内部结构图

"花粉管"和种子，大大增强了它们对陆地生活的适应性。比裸子植物更高级的是被子植物，被子植物进化出根、茎、叶、花和种子，有的还有果实。在它有性繁殖过程中，需要精子和卵的结合，然后发展出胚，这些生长因素大大增强了被子植物的适应能力。这或许就是为什么4亿年来，蕨类、裸子植物和被子植物相继统治着植物界并逐步发展，形成了高等植物进化中的主干的原因。

知识小链接

世上有"吃人树"吗？德国科学家卡尔·李奇曾著述过一部《非洲探险记》，当中描述了在马达加斯加岛见到的恐怖的一幕：部落将一名不洁的女人捆绑着放到大树的叶子中间。片刻后，叶子通红饱胀，女人只剩一堆枯骨。后来有科学家调查过，那不过是殖民者为了丑化"野蛮"的部落而杜撰的故事，世上根本没有传说中的"吃人树"。

032

低等绿色植物——藻类

藻类在生物界的进化过程中起着"承前启后"的重要作用，如果没有藻类，如今地球上的生物可能会大变样。

藻类，在人类生活和自然界中有着重要的地位，它是一种含有叶绿素的、结构比较简单的低等绿色植物。它们生活的环境比较广阔，它们生活在淡水、海水、陆地、动植物的表皮甚至它们体内，受成长环境的影响，也造就了它们形态万千的样貌。

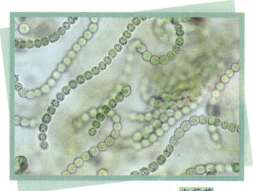

❖ 发菜菌

但是，请不要误会，你可千万不要因为某种植物名字里含有"藻"字，就以为它们是藻类了，像金鱼藻、狸藻、狐尾藻，它们可不是藻类，它们属于高等植物中的被子植物，原因是什么？因为它们体内含有维管组织，靠开花结果繁育后代。这个道理就像是动物界中，鲸鱼不是鱼而是水中的哺乳动物是一样的道理。

藻类的种类实在太多太多了，它们形态各异，大小不等。就如单细胞的小球藻，需要借助显微镜才能发现它，因为它的直径只有5微米到10微米，即0.01毫米；而海带、紫菜基本上算是藻类中的巨无霸了，它们中最长的可以长到70米。

藻类属于"绿色植物"，因为它有叶绿素，可是，它的外表颜色却不像陆生植物那样普遍呈绿色，藻类的颜色有绿色、黄色、褐色、红色、蓝绿色和黑色，比陆生植物的叶子要色彩缤纷多了。这是为什么呢？原因就是这些藻类不仅仅含有叶绿素，同时还含有陆生植物不具备的红、蓝、黄色素。同样，它们进行光合作用后产生的有机物也是多种多样的，所以人类就按照食物色素的标准，将藻类分为：褐藻、绿藻、金藻、红藻……

因为有了海水这个天然载体，有些藻类在水中可以自由游动，这就需要鞭毛这个工具了。可是并不是所有的藻类都有鞭毛的，越是结构复杂的藻类反而没有游动的能力，科学界认为，那些不能运动的多细胞藻类反而是由可以自由运动的单细胞藻类发展进化而来的。

❖ 浅海海带

像衣藻和裸藻之类的单细胞种类，它们的细胞既是营养组织又是生殖组织。裸藻长有眼点和鞭毛，可以感光和运动；它含有叶绿素，自身可以进行光合作用。它最突出的特点是没有细胞壁。所以有人以此为依据把它划为动物的范畴，从这里我们可以看出动植物间的划分有时也会遇到难题，它们还是有统一性的，毕竟它们的起源是共同的。

❖ 狐尾藻

藻类是水生动物食物链中的最末端，我们常常所说的"大鱼吃小鱼，小鱼吃虾米，虾米吃泥巴"，透过显微镜，我们可以清楚地看到，其实这些"泥巴"中重要的组成部分就是各种浮游藻类。我们在电视上经常看到海面上飞翔的海鸟和跳跃的鱼儿，它们啄食的就是漂浮在海面上的那些浮游藻类。

藻类在水中进行光合作用，释放出氧

气，给了水生动物们提供了足够的氧气，若是没有藻类，或许就没有如今的动物

知识小链接

众所周知，生命起源于海洋，最初是以藻类的形式出现。但一个意外发现引起学术界的关注：科学家在斯里兰卡发现了一块陨石，上面有古老的刺球藻类化石痕迹，研究人员大胆推测，生命很有可能来自宇宙。然而由于缺乏足够的证据，"生命起源于宇宙"学说仍难以撼动现在的生物学理论体系。

了。在藻类还没有出现之前，地球上还不存在氧气，而有了藻类之后，大气中的氧含量才逐渐多了起来，接着又有了臭氧和臭氧层。地球的保护罩这才打开，在臭氧层的保护下，地面生物避免了紫外线和宇宙射线的伤害，可见早期的藻类是多么重要！

人类开发使用各种藻类的历史很悠久，海带、石莼、发菜、紫菜都是我们平常饭桌上经常见到的海产品，而且，人们所用的硅藻土、琼脂、碘、藻胶等工业、医用原料也是从海洋藻类中提取出来的。与此同时，人们利用藻类处理工业、生活污水，利用藻类的固氮作用为人类服务都是科学家们研究的课题。

Part2 第二章

进攻型植物——地衣

在生物界中，有这样的一种类群：它们出现的时期比水生的藻类和菌类要迟很多，它们是由陆生的藻类和菌类共同组成的，形成了一种相互依赖相互利用的共生关系，并成为了植物体系进化中的相对特殊的一支，它们就是地衣。

地衣有多种形状，大多以片状和枝状为主，比如片状的兜衣和树衣，枝状的石蕊、雪茶和松萝。地衣的用途是非常广泛的，在医药、食物、饮料、饲料和工业原料中，我们都能看到地衣的身影。

❖ 墙壁苔藓

地衣属于苔藓植物，这种植物体构造很特别，它的内部是由陆生的藻类构成，而它的外围却是由真菌的菌丝所组成。真菌的有机食物是依靠藻类光合作用下获得的；反过来真菌又保护着藻类不受外界的侵害，同时给藻类提供无机盐和水分。这也是为什么地衣能够在干旱高寒的岩石和积雪等非常复杂恶劣的环境长期生活的原因。

地衣的成长过程是缓慢的，在它长期生活的岩石上，它的分泌物更容易使岩石风化，使之产生土壤，给维管植物和苔藓创造了可以生存的条件。从这一层面上来看，地衣就是植物由水面向地面发展的"先锋部队"。虽然地衣有着较强的生存能力，在严寒和干旱面前表现出顽强的生命力，但是，二氧化硫却是它的死对头，地衣一旦碰上了被二氧化硫污染了的空气，会立刻死亡。因此，我们可以把地衣视作衡量环境好坏的"指示植物"。

苔藓属于低等绿色植物，苔藓也有胚，它的受精卵要在母体中被保护一段时间才能够发育成熟。

知识小链接

南极洲是一片不毛之地，那里的生物除了简单的昆虫外，就是一些低等植物。科学家们考察后发现，南极洲有大约 850 种植物，多为苔藓、地衣之类，尤其是苔藓类，高达 500 多种。

沼泽、岩石、土壤和森林中经常可以看到苔藓植物的身影，它们具有风化岩石和保持水土的能力，苔藓对于汞污染是相当敏感的，有些品种的苔藓医药价值相当高。

Part2 第二章

高等植物的代表——维管植物

维管植物具有先天的优势，它的体内有维管组织，可以很好地输送营养、水分并支撑身体。

现在我们看到的很多草本、木本植物都是维管植物，它们的身影遍及广袤的草原和茂密的森林，构成地球表面最大的植物群落，成为植物界中最主要的生力军，是植物进化到高级阶段的结果。

我们可以将维管植物分成 3 类：裸子植物、蕨类植物和被子植物。

提奥夫拉斯图——植物学的奠基人

裸子植物由于是有性世代寄生在无性世代的植物体上的一种植物，因为寄生的原因，它的内部构造相对简单。目前大多数裸子植物已经退出了历史舞台，现在我们能看到的裸子植物不过七百多种，它们的种子裸露在外，都是木本植物。尽管现在裸子植物已经式微，但是在中生代时期，地球上的植物以裸子植物为主，它们和恐龙生活在一个时期。我们现在挖掘的很多煤田都是早期裸子植物形成的。

蕨类植物，大多数的蕨类植物都是绿色的，而且基本上是独立生活。目前地球上生存着

❖ 叶片卷曲的蕨类植物

一万多种蕨类植物，它们大多数是草本植物。蕨类植物真正的繁盛时期是在古生代的中后期，那时的蕨类植物都长成了高大的树木，并形成了大片的森林，现在发现的很多煤就是由古生代的蕨类植物转化形成的。

被子植物的结构就更加简单了。被子植物的形成历史只有短短1亿年左右，却成为植物界中最高级、最繁盛的类群。目前地球上生活的40多万种植物中，被子植物就占了近62.5%，有25万多种，简直就是"一代新人换旧人"。

被子植物的种子是包裹在果皮内的，它形成果实，更好地适应了陆地环境和陆生生活。可是，我们要明白，被子植物不仅仅是陆地上有，在很多江河湖海中也存在着被子植物。

被子植物的出现，不仅使得大地的景色更加丰富了，也给很多动物的繁殖发展提供了基础条件。生物学家的研究结果已经表明，现在许多动物，包括最为繁盛的昆虫和最高级的鸟类、哺乳类都是和被子植物一同进化发展而来的，但是事物的发展并不是各自孤立而行的，而是相互之间有着密切的联系，比如昆虫可以帮助植物传播花粉，哺乳类和鸟类帮助植物散播种子和果实，从而促进了被子植物的传播。

被子植物与人类的生活息息相关，麦、稻、棉、麻、茶等经济作物和很多的观赏类植物和药材都是被子植物。被子植物渗透到了人类衣食住行的各个方面，同时也被应用到了绿化、环境保护和水土保持等领域，成为人类密不可分的朋友。

Part2 第二章

由单细胞动物谈动物进化

> 恩格斯说过："动物也有一部动物史，就是动物的起源和逐渐发展到现在的样子的历史。"

动物的发展同样是由低等的单细胞动物开始的，它们经历了曲折的进化过程，随着地质变化的稳定，渐渐地发展到了丰富多彩的动物类群。

人类认识动物的进化史经历了漫长的过程，在漫长的三大革命实践中，人类总算是找到了这个历史的源头。我们

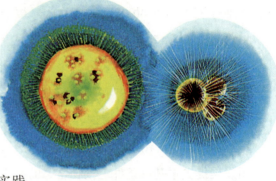

◆ 单细胞动物图样

知道，动物的发展速度是不平衡的，就单说在现存的动物中，我们就可以看出它经历了好几个阶段，每个阶段都代表着不同时期的发展水平，每个阶段都堪称动物进化过程中的"里程碑"。

首先，我们来认识一下动物的最初形态——单细胞动物。在天气温暖的时候，我们用容器从水草丛生的水池中提取一滴水，借助显微镜可以观察到别有洞天的一幕：水中除了微小的植物外，还生活着很多单细胞动物，有周身围绕着纤毛并旋转着前进的草履虫；有像是一团果冻似的，形态千变万化的，不断伸出伪足活动的变形虫；更多的是那些还不能分辨出形态的游来游去的单细胞动物。微观世界里原来也这么热闹啊！

别看这些原生动物个体很小，但是它们却与人类有着密不可分的关系。

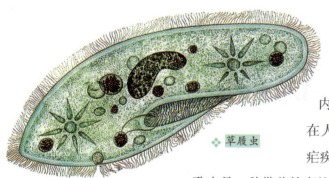
❖ 草履虫

它们的生活范围可不仅仅局限于水中，有的原生动物寄生在动物的体内，引起疾病；有的寄生在人体内，就会引起痢疾和疟疾等病。

孔虫是一种带着外壳的原生动物，它有一个钙质外壳极容易保存成为化石，所以受到各界科学家的关注。在一些石油勘探过程中，钻孔时取出的岩心石里就能发现这种微体化石。

早在十多亿年前，地球上就已经出现了早期的单细胞动物，我们现在看到的单细胞动物尽管发生过演变，但单细胞结构水平与原生动物一样，仍处在动物进化中的最原始的阶段。

那么，最初的动物又是怎么形成的呢？经过研究发现，变形虫和草履虫的祖先原来是带有叶绿体的原始鞭毛生物，这些原生生物处于动物和植物的临界处，既有动物的特征，又有植物的特征。从这一点上我们可以分析，原始的动植物并没有明显的界限，它们有着共同的起源。一些原始的单细胞生物由于动物的特征越来越明显，所以，就渐渐失去了光合作用的能力，而摄食和运动能力逐渐提高，最早的原始动物就这样形成了。

动物和植物有了明显的区分是生物进化史上最重要的里程碑，自此，地球上出现了千姿百态的动植物，它们相互依赖，又相互制约，不断发展进化。

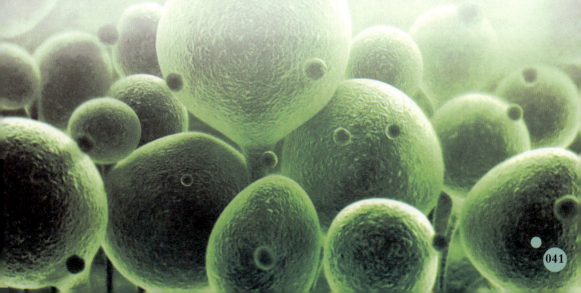

无脊椎动物

无脊椎动物是指从单细胞动物中发展到原始的多细胞的动物，由于它的身体构造特点。

❖ 水母

多细胞动物的产生是动物进化过程中最大的一次进步。最早产生多细胞动物的时间是在震旦纪，那个时候的多细胞动物还比较单一，主要以少量的海绵、水母为主；而到了寒武纪，海洋中的多细胞动物渐渐丰富了起来，主要有海绵动物、软体动物、节肢动物和腔肠动物等多种门类。这些动物有着共同的特征：身上都没有一根骨架，所以它们被称作"无脊椎动物"。无脊梁骨动物也是经过漫长的进化渐渐地发展起来的，并不是一蹴而成的，我们能从现存的无脊椎动物中找到它们进化过程中的影子。

我们看到的水螅、珊瑚、海蜇等腔肠动物都有两个胚层。像水螅，它的体壁由内外两层细胞组成，使得它的机能和结构有了区别，它有一个较小的外胚层细胞，执行的是感觉和保护的机能，而内胚层则相反，这里的细胞较大，它和变形虫一样用伪足来摄食，通过内胚层包围的"原肠腔"进行消化。这是在动物进化史中，腔肠动物第一次出现了神经细胞组成的神经网。但是这种神经网还没有集中的神经中枢，所以，水螅身体只要接触一点刺激，就会全身收缩。

动物再进化就出现了以扁形动物为代表的最原始的内中外三个胚层的三胚层动物。这三个胚层分别孕育出来了各种器官，独立的消化、排泄、生殖以及神经器官

❖ 海星

初步形成。扁形动物的代表动物有涡虫，有在人体内寄生的血吸虫和绦虫。从扁形动物开始，多细胞动物的身体发生重大变化，它们的前后、背腹分化得已经很明显，体型变得两侧对称。在这些动物的体内，神经细胞集中在身体前端形成了脑神经节，腹部的神经又合并成了两条腹神经索，原始的动物神经系统开始形成。

环节动物最常见的便是蚯蚓，用肉眼就能看出它们身体上有许多体节，身体是充满腔液的真正的体腔。这个体腔液起到输送营养物和氧气的作用，新陈代谢产生的废物也靠体腔液排出体外。环节动物中已经出现了简单的血液循环系统，有4~6对环管连接着背腹，它本身带有搏动作用，跟心脏很像，它或许就是动物心脏的雏形。

软体动物曾是动物界里的第二大种族，现在我们能见到的有8万种左右。软体动物与环节动物关系密切，因为它们有着共同的祖先。

软体动物我们并不陌生，因为很多软体动物都有极高的经济价值，像蚶子、蛏子、贻贝、红螺、牡蛎等都是味道鲜美的海贝。墨斗鱼和鱿鱼，可能很多人都以为它们是鱼类的一种，事实上这是个错误观念，

❖ 乌贼

因为它们是软体动物的一种。还有些软体动物并不受人类欢迎，它们是寄生虫病的传播者，像血吸虫以及它的中间寄主钉螺都是这种软体动物。所以，想要彻底消灭血吸虫，首先得消灭钉螺。

在血统上，棘皮动物与脊椎动物联系较为密切，棘皮动物也有一定经济价值，像海参、海星、海胆等。

动物界中节肢动物数量比较多，它是从环节动物进化过来的，它们附肢分节，体外还有几丁质的外壳。节肢动物的神经系统进一步发展，形成了发达的脑神经节和一条腹神经链。节肢动物中有甲壳类，以蟹、虾为代表；有蛛形类，以蜘蛛为代表；多足类，以蜈蚣为代表；昆虫类，比如蜜蜂等。

在众多的节肢动物中，昆虫家族的种类是最多的，现在已知的种类有一百多万种，它的数量甚至超过了所有其他动物的总和。人类与昆虫有着密不可分的联系，防治害虫和利用益虫都是人类认识自然、开发自然的重要课题。

养蚕缫丝自古就是我国传统的手工业。在山西省夏县的新石器时代的遗址中，考古人员就发现了半个人工割裂的蚕茧，这说明中国人在 5000 年前就已经掌握了利用昆虫从事生产的技术。与养蚕一样，利用蜜蜂酿蜜也是我们祖先发明的。2400 年前的古代文献中，就有关于采蜜和收蜂的方法介绍，我国古代的劳动人民对昆虫的利用不局限于一两种昆虫，像白蜡虫、紫胶虫、蚜虫、五倍子这些可以提供工业原料的益虫，聪明的中国人也早已经熟悉它们的习性并加以利用。

在新中国成立初期，曾因各种有害昆虫导致的粮食绝收现象经常发生，那时蝗虫灾害非常普遍，给广大群众的生产生活造成严重灾难。我国历史上，儒家曾提出"天命论"，这种谬论认为蝗虫是天灾，人们不能与"上天安排"相抗衡，这让广大的劳苦大众深受其害。后来，相对进步的法家思想却提出与自然灾害做斗争的思想，并取得不错的效果。据史料记载，唐代发生在山东的一次灭蝗运动，群众捕杀的蝗虫达九百多万石。

　　新中国成立初期，组织了多次大规模的由群众参与的治理虫害的活动，曾经严重危害农作物生存的虫害得到有效控制。

　　随着近年来生态建设的提出，我国又与时俱进地研发了生物治虫技术，即"以虫治虫"策略。例如，用金小蜂防治红铃虫，用瓢虫来消灭介壳虫，这些试验都取得了不错的效果。同时，我们还充分利用生物知识，将细菌、昆虫激素也运用到了治理虫害中来，这些方法的运用对于害虫的防治有了明显的进步，可以预见，这种无公害的治虫技术发展前途非常广阔。

> **知识小链接**
>
> 化石是科学家研究古生物的重要证据，但是古时候的人们并未发现其重要的科学价值。春秋时期，中国人提到过所谓的"龙骨"，据考证即是远古人的化石。直到宋代，科学家沈括首次正确认识了化石，并认为这是远古生物留下的印迹。16世纪，意大利画家达·芬奇意识到了其不可估量的科学价值，并创立了"化石学"。

■ Part2 第二章

脊椎动物诞生

经过考古学家的探索、发现我们现在所说的脊椎动物最早是在距今约 5 亿年前的奥陶纪出现的。

脊椎动物与其他动物最明显的区别就是其体内生长出脊柱。脊柱靠近动物身体背部，由一节一节的脊椎骨相互连接而成，就像是一个支撑动物身体的柱子。脊椎动物相较低级的动物已经形成发达的神经系统，脊柱体内有一条柔软的脊髓，在头部膨胀成为脑，构成整个神经中枢。

相比其他无脊椎动物而言，脊椎动物与它们的区别是非常大的，那么，它们之间是否存在某种联系呢？生物界真是无奇不有，恰恰有一种动物就介于两者之间，被称为脊索动物，其代表就是文昌鱼。

在我国厦门、青岛等沿海城市，人们可以在海边水面较浅的沙泥中，捕捉到一种体长约 5 厘米左右，半透明的鱼形动物，它就是文昌鱼。虽然它的名字中有"鱼"，实际上它并不是真正的鱼类，

因为它没有鱼类的脊椎骨，只有一条纵贯全身的脊索代替了脊椎的功能。这个脊索就是文昌鱼的支柱，代表着脊椎骨先前的容貌。我们甚至可以说，通过文昌鱼，我们可以看到脊椎动物祖先的生理构造。这大概就是为什么在 19 世纪 60 年代关于文昌鱼的研究发表之后，达尔文形容说："这是一项最伟大的发现，提供了揭开脊椎动物起源的钥匙。"

脊椎动物的种类相对来说是比较多的，像人类和常见的鱼、蛙、鸟、蛇都是脊椎动物，脊椎动物由 6 种类型组成，包括鱼类、两栖类、圆口类、鸟类、哺乳类和爬行类。

鱼类嘴部包括一个能上下活动的颌，借助牙齿可以捕咬食物，这是脊椎动物重要的身体组织。鱼类身上长有成对的腹鳍和胸鳍，更有发达的尾鳍，这让鱼类游动起来灵活自由，极大地扩展了自己的活动范围。

早在奥陶纪，就出现了原始的鱼类，但鱼类真正兴旺发达是在 4 亿多年前的志留纪，到了泥盆纪末期，鱼类已经进化成当时的最高级的动物。

我们现在看到的鱼类可分为软骨鱼和硬骨鱼两类。我们平时食用的鱼基本上都是硬骨鱼。海中最凶猛的鲨鱼，却是软骨鱼的代表，虽然它不招人喜欢，但它体内的肝脏是人们提取鱼肝油的重要原料。

知识小链接

动物濒临灭绝的主要原因是什么？除了地球环境的恶化、生存范围的缩小、食物的缺少，还有一个最重要原因：人类活动的影响。生物学家们相信，日益增多的各类频率的电波、无线电等破坏了一些动物的某种功能，使它们找不到同类，无法繁殖。

Part2 第二章

两栖动物

如果有人跟你说海中的鱼是人类的亲戚，你一定会感到不可思议，并会怀疑它的真实性，那这种说法有根据吗？

动物是从水中转移到陆地上来的。这样的回答乍一听上去让人感觉有点儿荒谬，人类怎么会跟鱼类扯上关系呢？可是，你细细琢磨人类和鱼的内部组织，会发现人类的远祖和鱼类可能有着千丝万缕的联系。从鱼类到人类的进化是一个相当漫长的过程。先后经过鱼类、两栖类、爬行类、原始哺乳类几个重要阶段，最后人类才会出现，前后要经过5亿多年时间，而整个进化过程中，从水生到陆生是一个重要的里程碑。

鱼类是怎么进化到陆地上的呢？要了解这个问题，我们可以从青蛙的发育说起。

❖ 斑点蝾螈

青蛙的受精卵在水中孵化以后，是和青蛙长相完全不同的蝌蚪，蝌蚪像鱼一样在水中生活。它有尾巴，可以用来游泳；有鳃，可以在水中呼吸，这和鱼没什么两样。随着时间的推移，蝌蚪的身体开始出现变化：身体长出了四肢，尾巴却渐渐消失不见了，鳃的作用慢慢退化，改由用肺呼吸。最后，等这些身体器官成熟之后，青蛙就会从水中来到陆地生活。蝌蚪转为青蛙的过程，形象地向我们演示了最早登上陆地的鱼类的进化过程，同时也让我们有理由相信人类和鱼类存在某种联系。

恩格斯就曾经这样说过："有机体的胚胎在向成熟的有机体的逐步发育同植物和动物在地球历史上相继出现的次序之间有了特殊的吻合，而正是这样的一个吻合给进化论提供了最为可靠的依据。"

究竟是哪一种鱼最早登上陆地的呢？没有人能直接给出答案，我们只有借助于化石来寻找答案。在一块 3 亿多年前泥盆纪地层中发现的总鳍鱼化石应该能回答这个问题。从这块化石可以看出，总鳍鱼的胸鳍和腹鳍的骨骼排列的方式和陆生动物四肢骨骼的排列方式基本一致，这种鳍不但能够游泳，更重要的是它能够支撑动物在陆地上移动身体。另外总鳍鱼的鳔可以像肺一样呼吸空气，这两个特殊的构造为总鳍鱼登陆创造了条件。

到了泥盆纪后期，天气逐渐变暖，一些水域受环境影响，水里的环境已经不再适合鱼类的生活。和总鳍鱼相类似的鱼类就爬到陆地上生活，它们繁衍生息，渐渐适应了陆地生活。特别是它们的腹鳍和胸鳍已经进化成四肢；鳃的功能完全由肺代替，这样就形成了一个新的动物类型——两栖类。

总鳍鱼可以看作是两栖类的祖先，所以人们会认为总鳍鱼早就不复存在了。让人意想不到的是，30 多年前在南非东海岸的海中捕捞到一条活着的总鳍鱼，让人们对它有了新的认识。总鳍鱼堪称"活化石"，它应该是总鳍鱼在海洋生活的一个分支，只是它没有进化出能在陆地行走的四肢。

石炭纪和二叠纪是两栖动物发展的重要时期。两栖动物是水生动物到陆生动物的一个过渡种群，和青蛙一样，尽管它们已经具备陆生生活的条件，但在产卵时还是离不开水。

知识小链接

两栖动物最明显的特征是良好的视觉和听觉，通过皮肤和肺呼吸，能辨别地球磁场。它们对温度极为敏感，能感觉到千分之一摄氏度的温度变化。例如地下温度稍微上升，两栖类动物能立刻察觉，行为异常，集体逃出栖身地，这往往是地震前的预告。

■ Part2 第二章

认识**爬行动物**

那些在陆地上爬着行进的动物，人们习惯称它们为"爬虫"，它们就是地球上数量庞大的爬行动物。

壁虎、蛇、龟和蜥蜴都是我们经常看到或听到的爬行动物，鳄鱼不是鱼类，它是真正意义上的爬行动物。

爬行动物是陆生动物中重要的一类，它们的身体结构已经完全适应陆地生活，并且它们在陆地上就能产卵，而不用回到水中。它们的生殖发育都完全脱离了水下环境，别看平日里海龟在海洋中悠闲地遨游，到了产卵期，它们就要成群地爬到沙滩上产卵。

"羊膜卵"是爬行动物卵的特征，这种卵在发育时会有羊膜和羊水包裹在它的周围，就像把卵放在一个盛满水的容器中一样，避免了胚胎受到外界的伤害。

两栖动物是爬行动物的前身，爬行动物取代两栖动物后，逐渐成为地球上的主人。古生物学家把这些已经灭绝的爬行动物称作"龙"。

通过远古化石我们也能看出：在距今 2 亿多年前到 7000 多万年前的中生代，地球是"龙"的天下，空中飞翔着翼龙，鱼龙遨游在海里，陆上各种各样的恐龙种类更多。我们现在生

知识小链接

爬行动物分为胎生和卵胎生，龟类全是卵生动物，但部分蛇类即属卵胎生。卵胎生介于胎生和卵生之间，是动物的受精卵在体内发育、成长，最终出生的繁殖方式，其特点是受精卵在发育时并未和母体有气体交换，只吸收很少量的营养。

活的土地，曾经是恐龙的乐园，从我国各地出土的恐龙化石便可推测出来。像四川的马门溪龙、山东的鸭嘴龙和云南的禄丰龙等。生物学家通过它们的遗骸推算，当时最大的恐龙体重可达 50 吨，现在陆地上最重的大象体重不到它的十分之一。

中生代末期的时候，地质和环境气候都发生了重大变化，从而导致了植物界中的裸子植物的消亡和被子植物的崛起。在这场剧变中，恐龙因不能适应新环境而被淘汰，新兴的哺乳动物走向历史舞台，到了距今 7000 万年左右，这些称霸一时的庞然大物彻底消失了。

Part2 第二章

什么是**恒温动物**

动物按照它能否根据外界的环境温度变化而分为两类，一种是变温动物，一种是恒温动物。

◆ 蝙蝠

我们前面了解的这些动物，从原生动物、两栖动物到爬行动物都是变温动物，鸟类和哺乳类动物则是恒温动物。恒温动物体内的温度比较高而且体温稳定，对外界的温度条件依赖程度较少，因此，恒温动物在地球上分布很广泛。

鸟类也是从爬行类动物进化而来的，1861 年在人们一处侏罗纪地层里发现了一块最早的鸟类化石——始祖鸟化石。它的大小与乌鸦类似，从这块化石中能够清晰地看到它的骨骼和羽毛的印痕。始祖鸟是爬行类动物进化到鸟类的一个过渡性动物。它既保留了爬行类的特征，比如有一根连骨带肉的长的尾巴，有锋利的牙齿，前肢长有一个三指的爪；另一方面它又有鸟类的特征，比如躯干上长着羽毛，前肢进化成翅膀，在天上，它和鸟类没什么分别。

恩格斯在他的著作中不止一次提到始祖鸟，

形容它是"用四肢行走的鸟"。
始祖鸟化石的发现，为人类提
供了生物进化史上的重要材料。

❖ 鸭嘴兽

在大海中生活的鲸鱼，尽管被称之为
"鱼"，但它却属于兽；还有天上飞翔的蝙蝠，
虽然长着翅膀，但它不是鸟类而同样是兽类。哺
乳动物带有多个明显的特点：牙齿有分化、身上有汗腺，
长有体毛，大脑较其他动物发达，是标准的恒温动物。它最显著的两个特点
就是胎生和哺乳。所以，我们上面所说的蝙蝠和鲸鱼正是因为具备了这两个
条件而归为了兽类。

哺乳类的母兽在体内有胎盘并直接生崽，胎盘在母体中通过母兽血液中
蕴含的氧和养料向幼胎输送营养。和人类一样，母兽
也是通过分泌乳汁哺育幼崽，这是兽类们特有的现
象，所以被称为"哺乳动物"。但是，像鱼
和蛇那类不形成胎盘而产卵的动物，我们
称之为"卵胎生"。从卵生到胎生同样
经历了复杂的进化过程。

单孔类是一个较为特殊的群体，它
是最低等的哺乳动物，但它却不是胎
生动物而是卵生动物。恩格斯在他的
进化论中提到过它："自从按照进化
论的观点来从事生物研究以来，有机
界领域内固定的分界线便消失了……我
们现在知道的孵卵的哺乳动物……"这个"孵
卵的哺乳动物"就是指单孔类。

鸭嘴兽是单孔类动物中最具代表性
的动物。鸭嘴兽生活在澳大利亚，目前，
它们的生活状况堪忧，随时都有灭绝的危险。

19 世纪时，人们才观察到，原来这种扁嘴的小型哺乳动物居然是卵生的，雌性鸭嘴兽每次产两个蛋，孵化出来的小兽靠母兽的乳汁长大。鸭嘴兽是爬行类动物向哺乳类动物过渡的代表性动物，和熊猫一样，是珍贵的活化石。

哺乳类动物在近 1 亿年里分化出很多分支：陆地上有食肉类、食草类、食虫类；水中有鲸和海豹类，空中有翼手类，有在地底生活的鼠类，还有人类的近亲——灵长类，像猩猩和猴子。

我们人类是由古代类人猿发展进化而来的，人类的出现，代表着地球生物进化到一个新的高度。

知识小链接

人是恒温动物，正常体温一般在 35.5~36.5℃之间，也有部分人温度超过 37℃。当体温超过 38℃，人会感觉浑身无力，头重脚轻；体温超过 40℃时，浑身发烫，意识混乱；体温超过 41℃时，各类器官功能衰退，神志不清；体温长时间超过 42℃，将严重危及生命。

第三章
人类从哪里来

　　地球上的人类从哪里来？现在没有一个人能说清楚，大多数人同意达尔文的"进化论"观点，认为人类是由高级灵长目类动物进化而来。下面我们就随达尔文的思路，回到几万年前，探寻人类进化的足迹。

Part3 第三章

人类从**水中**而来

我们已经知道，原始生命生活在海洋之中，由此，很多人都会想，早期的人类和海洋有什么特殊关系吗？

人类是否也是从水中进化而来的？如果答案是肯定的，那人类进化又经历了什么样的过程呢？

"人类先祖海猿说"持这样一个观点：在非常遥远的远古时期，因气候变化，导致海平面迅速上涨，非洲东北部和北部大陆被海水淹没。在这里世代生活的古猿类为了生存下去，竟然渐渐适应了海里的生活，成为一种新的海生动物：海猿。400 万年之后，海水回落，被淹没的大陆又暴露在阳光下，这时候，海猿又回到陆地上生活，并逐步演变成今天的人类。

❖ 海豚

"人类先祖海猿说"有一定的论据：第一，人体机能没有办法来调节自身对盐的需求，需要通过汗腺来调节体温，在排汗的过程中将盐分排出体外。而盐分对灵长类动物是极其珍贵的，它们不会通过出汗来调节体温，这说明人类早期是生活在盐分含量丰富的海洋中。第二，人体的表面裸露没有体毛，皮下脂肪又很丰富，这与灵长类动物明显不同。光洁无毛的身体和丰富的皮下脂肪更适应温度较低的海水，并能够保持体温。第三，人类是游泳高手，其他灵长类动物却不能适应水中生活。

人类起源于海洋还有"人类海豚同祖说"。这种说法的依据是：第一，人类天性喜欢亲近水，而猿类则非常讨厌水，人类婴儿从出生就有游泳的本能，人的脊柱还可以弯曲，适合在水中运动，相比之下，猿类却不具备这些条件；第二，人类的身躯和海洋中的哺乳动物一样光滑，这是在水中生活的先决条件；第三，人类能以流泪来表达感情，海豚也具有这种本领，它也会通过流泪来表达自己的感情；第四，大多数人都偏爱鱼虾和海藻，可是猿类对这些食物却很抵触。

那些不会游泳的人，看到翻涌的江河湖海自然地会产生恐惧，而且每年都会听到几起淹死人的消息，这说明人类生活既离不开水，但水又不能太多，否则会影响人类生活。

如果有人把你形容为"河马"你会生气吗？不必动怒，要知道，从人类进化的角度看，这种叫法并无不可。人类和其他水生哺乳动物有太多相似之处，包括河马在内。而这就是人类学家在寻找人类起源的关键所在。

科学家们指出，人类跟这些水生哺乳类在早期是一样的，在水中有过自己的家园。

大陆理论指出，在800万年前，陆地上生活着一种类猿的树栖动物，它可被看作是人类和猿类的共同祖先，类猿生活在非洲广阔的森林里。后来类猿渐渐分化成了两支队伍，一支留在了森林里生活，并演变成为现代猿；另一支队伍适应了陆地生活，并开始学会了用双腿走路，体毛逐渐脱落，身体越来越高大，大脑空前发达起来，这就是后来进化成人的灵长类。

是什么力量使得它们分化成两支队伍，走向两个截然不同的进化方向呢？很多科学家相信这样的一个观点：是类猿居住环境的改变，为了生存迫使它们走向不同的进化道路。一部分类猿继续留在树上生活，人类的祖先却离开了树，来到非洲的冈瓦纳大陆热带草原长期生活和进化。在这里类猿学会了双足行走，这让它们可以更加方便地观察到危险情况和找到猎物。双足行走的同时让双手得到锻炼机会，让它们捕捉猎物更加快捷了。由于脱离了森林环境，使得早期人类身体受到阳光照射的机会增加了，为了更好地散热，它们身体上的毛发开始脱落，汗腺得到进化。

但在 21 世纪初就又有人开始质疑这一观点，因为新的科学发现，非洲草原是在人类学会用双脚行走之后才出现的。

虽然有人质疑，但冈瓦纳大陆的理论还是有很多拥护者，目前还没人能证实人和猿之间分道扬镳的真正原因。有少部分科学家则认为那些树猿从树上下来后，没有经过陆地这一环节，而是直接进入水中。这些早期猿类在水中生活了将近百万年，在水中拥有了光滑无毛的躯体，这个观点被称为"水猿理论"。这个理论的提出者是女学者埃莱娜·摩根。

摩根指出，人们发现了很多早期人类化石是在史前时代的水边或者被水覆盖过的地方发现的，在一个被称为"夏娃的露西"的人类化石旁边同时发现了很多的蟹类、贝类等水生动物的化石。

摩根还指出，人类与水生哺乳动物的身体构造有很多相似性。比如皮下脂肪，它能避免身体的热量在水下流失。反观陆生哺乳动物，就连人类的近亲——猿也没有皮下脂肪层，但它们却长了很厚的毛发，人类和水生哺乳动物却很少长这么发达的毛发。

摩根还从人体构造和营养需求上破解出人类曾在水中生活的特征：

1. 人体需要碘和 2-3 脂肪酸为大脑发育提供营养，这与陆生动物不同，却与鱼类相同。

2. 人类的皮肤长有皮脂腺，皮脂腺可以分泌一种叫皮脂的液体，能使头发和皮肤保持光滑，猿类没有这种皮脂腺。

3. 与猿类不同，人类的鼻孔是朝下的，人类在潜水时不会使水进入鼻腔。

人类究竟从何而来？现在科学界还没有统一的定论，相信随着人类科学水平的提高和掌握的证据更加充分，原始人类之谜一定会被解开。

知识小链接

有考古学家曾发现过 28 亿年前的金属球、3.5 亿年前的脚印化石、100 万年前的核反应堆……科学家大胆猜测：人类或许并非是单向发展的，而是周而复始的过程。在人类 5000 年文明史之前，一定出现过高度发达的史前文明（距今约 1.5 万~9000 年）和超史前文明（距今 100 万年以上）。

Part3 第三章

人类的祖先生活在非洲吗

科学家早已经证实，人类是从远古的猿类进化而来的，那么在人类生活的七大洲四大洋中，人类的发祥地又是在哪里呢？是非洲、亚洲还是欧洲呢？

科学家从非洲大陆挖掘到众多的人猿化石，而其他地方出土的人猿化石却少得可怜，这是否可以说明人类是源自非洲大陆的猿类呢？

◆ 非洲发现的猿人头骨

1974 年，来自美国自然历史博物馆的一些专家前往非洲埃塞俄比亚，在这个有"非洲屋脊"之称的国家他们第一次发掘出一块有些缺损的古人类化石。根据仪器对骨骼年龄分析，这个是一个 20 岁左右女性猿人的骨骼化石，专家们给它取名"露西"，并透过化石来分析它的身体结构特点。科学家约翰森推测这个人猿生活在距今 300 万年前，它是已经可以独立行走的早期人类。

继"露西"之后，古人类专家又在这片区域陆续发现了 65 具人猿化石，约翰森将这些化石统称为"阿法尔南猿"化石。约翰森认为，阿法尔南猿的特征最接近人类特征。在随后的历史进程中，阿法尔南猿分别进化出鲍氏南猿和粗壮南猿，最终进化成人类。

接下来的几十年，更多的人猿化石被发现。2002 年，一位科学家深入非洲草原地区，挖掘出一个生活在距今 160 万到 400 万年间的人猿头盖骨，这是一个 16 岁男孩的骨骼化石。这件化石再一次让世界震惊，人们更加相信非洲是人类祖先曾经生活过的地方。

在对这些大量的化石进行分析之后，科学家们推测，在非洲，距今约 600 万年到 800 万年前就已经出现猿人的身影。这种猿人是从非洲三种猿类中的一种进化而来，是由于基因突变才向人类进化的。最开始，这种猿类仅仅能直立行走，但是这个特点却让它们有了更适应环境的能力，又经过了几百万年之后，这种猿类进化为猿人。这段时期恰好是 90 万年前的冰河时代，原本温暖的非洲在冰河时期变得非常寒冷，草木开始枯竭，在缺少食物的环境下，非洲猿人开始迁徙。整个迁徙历时几百年之久，非洲猿人走进了亚洲、欧洲等温暖的地方，在这里繁衍生息，并开创了一个个人类文明。而现在的非洲大草原是在经历冰河时期后形成的。

在人类运用基因技术做了对比之后，更加坚定非洲是人类的发源地。基因学家对世界各地种族的人和新几内亚等非洲种族的 DNA 类型进行了对比实验，记录了 DNA 变异情况。根据实验结果，科学家们绘制出人类进化过程的树型图谱，从这张树型图谱中我们可以看出，非洲种族位于最顶端，其他种族的人群都是在其基础上衍生出来的，这就强有力地证实了人类祖先全部起源于

❖ 非洲猿图

生物学家认为人类起源于1500万年前的古猿，但对于古猿为何会在800万年前忽然从树上下来，走入平原，变成直立行走的"人"，从而改变进化方向，一直存在争议。有人猜测是受森林减少，食物短缺影响；有人认为古猿下树是学会了使用石头袭击猎物；也有人认为古猿直立是为了站得高，看到草丛里的猛兽。

❖ 人猿化石

非洲这一说法。

　　科学家们解释说，人类的祖先走出非洲大陆是分阶段地进行的，每次都是小量的种群一起迁移，所以减少了世界其他地方人类头骨的多样性。但在非洲东南部，出土的人猿头骨的形状和大小却极为丰富。古人类正是靠成熟的大脑和较高的智商以及肢体更加协调，学会了使用工具，所以才能够离开非洲大陆，迁移到别的地方。

动物是**人类起源**的依据

人类与哺乳动物的内脏器官有很多相似之处，人类主要的器官：脑、骨骼、心脏同样在哺乳动物身上也能找到，已经退化的器官如耳肌、盲肠、发毛等，在哺乳动物身上仍起着关键作用。

从解剖学的角度分析，人类与哺乳动物是有着密切联系的。人类早已退化的器官也恰恰说明了在人类的发展过程中，它们曾经起到过跟其他哺乳动物一样的作用，只是后来生活习性的改变，和为了更好适应新环境，它们的作用越来越小，从而渐渐退化了。

现在还有一些现象能够直接地证明人类是从动物界分化进化而来的。例如有的人出现返祖现象，有个别长出了尾巴的怪人，有个别浑身上下都长了长毛的毛人，还有长了多个乳头的多乳人，这些现象都表明人类的祖先是多乳的、有尾巴而且多毛的动物。

此外，我们还可以从胚胎学的角度来进一步分析，人的胚胎从形成到发育有几个关键性的转折点，人类胎儿在母体中发育到第三、四周的时候，样子看上去和鱼有几分相似，手和脚像是鱼鳍，头部两侧有鱼一样的鳃裂，这时的胎儿甚至还长有尾巴；发育到第五周开始，

❖ 长臂猿

尾巴就会渐渐消失，只剩下一根尾骨。发育到第五个月之后，胎儿已经接近人形。但是，这个时候的胎儿除了脚掌和手掌外，全身长着密密麻麻的绒毛，这些绒毛得到分娩前才会渐渐脱落。这种现象被称为重演现象，由此充分说明了人和动物的亲缘关系。

❖ 黑猩猩

自从达尔文的进化论观点发表后，更多的人相信人与类人猿的亲缘关系最为密切。现在地球上生活的类人猿有四类：大猩猩、猩猩、黑猩猩以及长臂猿，其中尤以黑猩猩跟人类相似之处最多，像没有臀疣、没有尾巴，和人一样有 32 颗牙齿，胸部有一对乳头，雌性甚至也会有经期，怀孕周期八九个月。此外，它们还跟人类一样，存在不同的血型。和其他猿猴不同，类人猿的面部表情已经相当丰富，能像人类一样表现出喜、怒、哀、乐等表情，猿有和人相似的中枢神经系统，能做出很多复杂的行为动作，猿的胚胎在母体内和人类胚胎发育相似。这充分说明人类和类人猿有相同的祖先。

但是，人类跟类人猿还是存在明显差异的。尽管类人猿在很多方面接近于人类，可是，它们却不能像人类一样具有抽象思维能力，也就是说它们没有意识，更不会制造生产工具，从事劳动生产。所以，类人猿的行为可以看作是凭条件反射来完成的，更多的是出于它们的本能反应。

知识小链接

现在的大猩猩能进化成"人"吗？进化是一个种群的集体现象，并非某个单体动物能擅自改变的。进化需要几百万年时间，是特定环境下的生物自我革新的过程，现在的大猩猩已濒临灭绝，早已不具备集体进化的条件，因此可以断定，大猩猩不会进化成人。

另外，类人猿在生理结构上与人类也有明显的区别，例如，猿的脑容量轻，而人脑比较重；猿类不能完全地直立行走，它的前肢要比后肢长，手指和脚趾没有明显的分化等。这些差别正好说明人类和猿类在进化过程中走了两个截然不同的道路。

Part3 第三章

认识**古猿**

> 达尔文在发表人类是起源于古猿的论点前，很长一段时期里人们都没有发现过有关古猿的化石，那么，他以什么支持这一个论点的呢？

当时达尔文已经提出了生物进化论的观点，在此基础上，他将现代类人猿和人类的相关数据进行了对比，发现类人猿和人类有很多相似之处，所以才做出这个论断。

在达尔文的观点提出之后，人们从世界各地陆续发现了不少的古猿化石，化石的分析结果公布后，大家更支持人类和猿类是同一个祖先的观点。

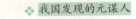
❖ 我国发现的元谋人

科学家认为，在距今 3000 万~500 万年前，地球大陆上生活着几个类型的古猿，它们大多生活在热带雨林里。这些古猿化石，主要以一些颌骨和牙齿化石为主，只有少量肢骨和头骨化石。

人类发现的最原始的古猿化石是在埃及发现的，叫小古猿，它属于渐新世的动物，生活在距今

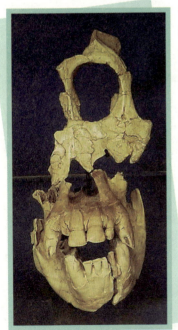
❖ 拉玛古猿头骨化石

3300 万年前的远古时代。与现代人猿不同的是，这种古猿的身子比较小。

在小古猿之后，埃及又出现了另一支古猿群体叫作埃及古猿，它生活在距今约 2800 万年前，是一种在树上栖息的古猿，这是人们从它的一根尺骨化石结构中分析出来的。

❖ 森林古猿的化石

在距今 2000 万 ~500 万年前又出现一种森林古猿，叫作林猿，它的种类有很多，分布的地区也更广大，在欧洲、非洲和亚洲都曾留下它们的足迹。最早发现森林猿类化石是在法国，后来，在印度北部和巴基斯坦交界的西瓦里克山区也挖掘到森林古猿的化石。

"森林古猿"的称呼是怎么来的呢？这还真的是一个巧合，据说是在法国发现这种古猿化石的时候，还有树叶化石和它搅在一起，所以，才有了森林古猿这个名称。

从森林古猿的身体构造上看，它与黑猩猩最为相近，它们都能用臂行法在树藤上进行活动。根据化石中古猿体格的大小，科学家们相信森林古猿的

大小跟现在的黑猩猩差不多大，于是他们大胆推断：森林古猿是现代人猿的祖先。

在印度和巴基斯坦交界处的西瓦里克山区还发现了另一种古猿——拉玛古猿。它们生活在距今 1400 万 ~ 800 万年前。继印度之后，在我国云南、非洲的肯尼亚、匈牙利、巴基斯坦以及土耳其陆续发现了这种拉

玛古猿化石。

在非洲发现的拉玛古猿与森林古猿最相似，它们有较小的门齿，颌部狭窄，与

人类区别还是很大的。而在印度发现的拉玛古猿可能生活年代相对晚，所以它的面部短缩，犬齿较小，跟人类已经有几分相似了。

对于拉玛古猿在人类进化过程中起到什么作用，科学家所持观点是：第一，拉玛古猿是人类和类人猿共同的祖先；第二，拉玛古猿属于森林古猿的重要一支；第三，拉玛古猿与森林古猿已经不在一个地方生活，它们来到更加开阔的陆地，代表着向人类迈进了一步，换句话说，拉玛古猿是人类的祖先。

人类进化到能人阶段

能人，顾名思义就是有一定的能力的人，在原始人类的发展时期，能人属于第一阶段，同时也是人类与类人猿的分界线。

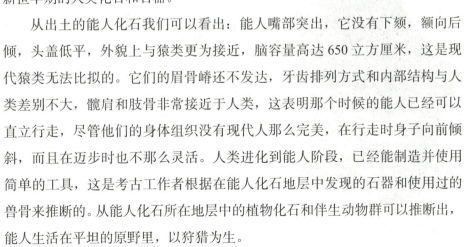

能人生活在距今约 190 万年前，是地质时期的第四纪初期。能人已经学会了制造并使用简单的劳动工具，严格意义上讲，它已经和人类类似。

非洲的坦桑尼亚奥尔杜威峡谷是发现能人化石最多的地区。在我国河北省阳原县的泥河湾以及云南省元谋县也曾发掘出能人化石和石器工具，但它们属于更新世早期的人类化石和石器。

从出土的能人化石我们可以看出：能人嘴部突出，它没有下颌，额向后倾，头盖低平，外貌上与猿类更为接近，脑容量高达 650 立方厘米，这是现代猿类无法比拟的。它们的眉骨崤还不发达，牙齿排列方式和内部结构与人类差别不大，髋肩和肢骨非常接近于人类，这表明那个时候的能人已经可以直立行走，尽管他们的身体组织没有现代人那么完美，在行走时身子向前倾斜，而且在迈步时也不那么灵活。人类进化到能人阶段，已经能制造并使用简单的工具，这是考古工作者根据在能人化石地层中发现的石器和使用过的兽骨来推断的。从能人化石所在地层中的植物化石和伴生动物群可以推断出，能人生活在平坦的原野里，以狩猎为生。

Part3 第三章

更像人的猿：直立人

直立人是对更接近现代人特征的能人的统称。它们身材进一步增高，脑容量也更大，牙齿和面部已经不那么大，能完成很多复杂的行动，双足直立行走已经很灵活。

但是，这种人的外部特征与人类还相差甚远，它们眉嵴粗壮，嘴部突出，原始的印记在它们身上很明显，所以它们也被称为猿人。直立人出现的时间在距今大约 50 万年前后的更新世中期。

中国北京人、中国蓝田人、欧洲的海德堡人、阿尔及利亚的毛里坦人以及非洲的舍利人化石都是直立人的典型代表。我们以北京人为例，来分析一下直立人的特点。

❖ 北京猿人铜首像

1929 年，在北京西南 54 千米的周口店附近的山洞里发现了一个完整头盖骨化石。这一发现轰动了世界，所以称这个古猿化石为北京人化石。

北京猿人头骨的主要特点是它的最宽处是在两只耳朵耳孔稍上处，并且向上逐渐变窄，这与现代人明显不同，现代人头骨最宽的地方是在头顶部的位置。北京人头骨的高度比现代人的要小，额向后倾斜。北京猿人的平均脑容量是 1075 立方厘米，而现代人的平均在 1350 立方厘米。而且北京猿人左右两个眉嵴有些粗壮，并且向前突出，左右相连，在眼眶上面形成一个屋檐状的突起，它们的头顶正中央有个明显的矢状脊，后部有个发达的枕骨圆枕，此外，跟现代人相比，北京猿人的头骨的厚度要厚几乎一倍。

再来说说北京猿人的牙齿，不管是它的齿冠还是齿根，相对于现代人来说，都显得异常粗大，带有原始的特征，北京猿人的头骨和牙齿特征，介于现代人和现代猿之间，说明它是个过渡期。

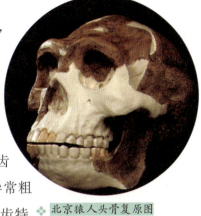

❖ 北京猿人头骨复原图

从北京猿人的肢骨来看，北京猿人是可以直立行走的直立人。根据股骨的大小推算，女性北京猿人的平均身高约为 152 厘米，男性北京猿人的平均身高约为 162 厘米。

从周口店遗址中，考古学者推断北京猿人已经学会石器的简单制造方法，并将它用于生产。这些石器大多没有经过进一步的磨制和加工，显得很粗糙。从形状上可以将它们分为锥形器、尖状器、石斧和刮削器等，说明这些石器的用途分别是杀戮、切割和狩猎用的工具。除石器工具外，北京猿人还会制作和利用骨器。

让考古工作者惊讶的是，在北京猿人居住的洞穴中，居然发现了烧火后的痕迹，这说明北京猿人已经掌握取火的方法。但是它们用什么方法取火，到现在为止，仍然是个谜。掌握火的使用对于人类来说意义重大，因为有了火，人们就可以吃到熟食，可以防寒取暖，甚至可以惊避野兽，让猿人的生活有了明显的进步。

■ Part3 第三章

我们的祖先：智人

人类发展到第三阶段便是智人，智人相对于猿人，与现在的人类更接近了。智人又分为早期和晚期两种智人。

早期智人又被称为古人，在第四纪中期出现。人类进化到智人阶段，基本上脱离了猿类的体貌特征，比如隆起的眉骨、凸起的嘴部都不见了，取而代之的是现代人的模样。

智人曾分布在旧大陆的广大地区，第一个被发现的智人化石是欧洲的尼安德特人。从此之后，世界其他地区也陆续发现了智人化石。我国发现的湖北长阳人、山西丁村人以及广东的马坝人属于智人化石。

❖ 欧洲的尼安德特人

第一个智人化石——尼安德特人是在1856年德国尼安德特山谷中发现的，这具化石相对完整，不仅包括躯干骷髅，还有14块头骨。

从目前发现的化石来判断，尼安德特人的身高要低于现代人，虽然已经有了现代人的基本特征，但他们身体还是比较粗笨，已经失去猿类的大部分特征。比如说，尼安德特人的脑容量已经和现代人相一致，脸部与能人、猿人区别很大，更接近于现代人的脸部。但是，他们的头盖骨还趋于原始的形状，额部依旧较为低平，下颚的颏部还没有凸起，而且眉嵴也不太低。

从智人制造的工具来看，他们制造的工具明显比能人精细程度要高，他们掌握了磨制加工工具的方法，工具的类型不仅仅有石器，还有骨器，可以进行切、割、砍、凿、穿、削等工作。

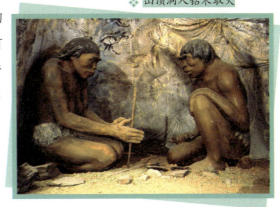
❖ 山顶洞人钻木取火

而从化石出土地的环境情况我们又可以知道，尼安德特人依旧是过着群居狩猎的生活，他们身穿兽皮，知道使用火。在群体里，或许已经产生了埋葬死者的风俗，迷信思想从这个阶段开始出现。这一时期或许就是由原始群居生活过渡到氏族制度阶段的一个重要时期，群体里已经出现早期的氏族制度。

晚期智人又被称作新人，他们生活在距今 10 万年左右的第四纪末期。这时候的人类体貌特征与现代人已经非常相似了。

在 1868 年德国西南部克鲁马努发现的克鲁马努人是晚期智人的一种，在各地出土的化石中以体骨和头骨居多，大概有 100 多件。根据化石分析，克鲁马努人的体质结构基本上和现代人一致，肩宽胸厚，四肢更加灵活。额头高且弯曲，头顶比较宽大，更没有脸部倾斜出来的现象。根据化石中腿骨上下比例，我们可以推测，克鲁马

❖ 尼安德特人

努人能够灵活迅速地行走，与笨拙的尼安德特人截然不同。虽然克鲁马努人的劳动工具也是以骨器和石器为主，但他们制作的工具已经较前代精致了很多。另外，克鲁马努人已经学会了简单的雕刻和绘画技法，尽管他们还是以狩猎为主，但是，他们已经形成了小型的集体社会，多数情况下他们居住在山洞洞穴中，少部分住在平原地区。

1933 年在北京周口店龙骨山发现了山顶洞人遗迹，当时发掘出 7 个个体骨骼，其中包括 3 个完整的头骨。这些珍贵的化石和北

2003 年法国第三电视台推出了一部纪录片电影——《智人》，影片站在科学的角度，以电影手法表现了猿人进化成现代人的过程。猿人们翻山越岭，探寻未知世界，最终学会种植农作物，驯养动物，修建茅屋，渐渐成为大地的主宰。影片生动地讲解了人类的起源、文明的传播、史前文化的形成等，令人难忘。

京猿人化石一样，最后被美国人使用诡计掠走了。

通过地层分析，山顶洞人大概生活在距今 5 万年前，比克鲁马努人出现得要晚。而且在山顶洞人遗址中出土的各种工具更加丰富，其中有一枚珍贵的骨针，它全长 22 厘米，是通过磨制和刮削制作而成的。它的发现，说明山顶洞人具备了简单的缝纫能力。除此之外，在遗址中还出土了原始的装饰品，像钻孔的石坠、石珠，穿孔的牙齿等，这说明山顶洞人已经具备初步的审美意识，为人类文明的形成奠定了基础。

新人广泛分布在世界各地，受他们所生活的环境影响，导致后来世界上出现了外貌特征不同的人类。

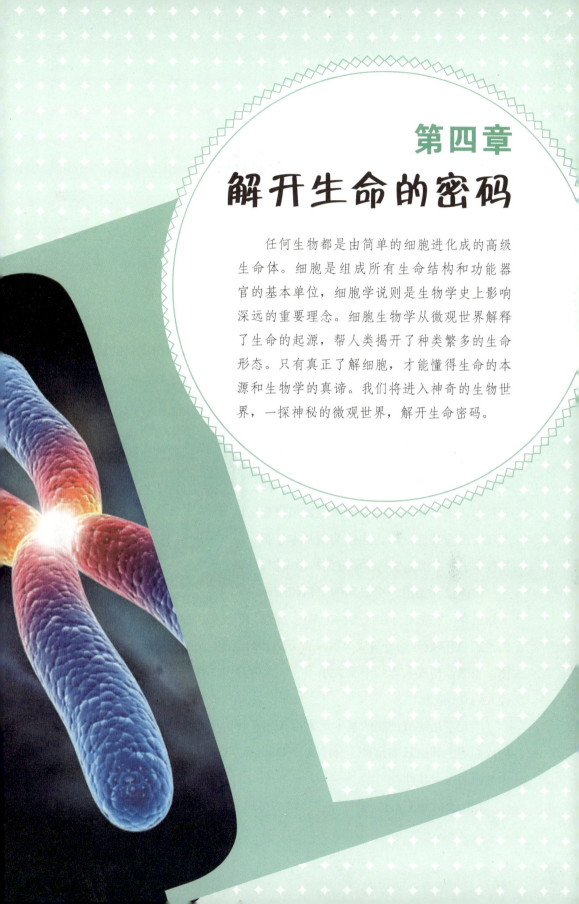

第四章
解开生命的密码

任何生物都是由简单的细胞进化成的高级生命体。细胞是组成所有生命结构和功能器官的基本单位，细胞学说则是生物学史上影响深远的重要理念。细胞生物学从微观世界解释了生命的起源，帮人类揭开了种类繁多的生命形态。只有真正了解细胞，才能懂得生命的本源和生物学的真谛。我们将进入神奇的生物世界，一探神秘的微观世界，解开生命密码。

■ Part4 第四章

认识细胞

地球上的生物除了病毒之外，都是由细胞构成的。生物分为两种：多细胞生物和单细胞生物。

细胞是生物体的基本结构单位。细胞的研究是解开生命奥秘的钥匙，是改造生命和征服疾病的关键因素。细胞生物学是目前发展前景极为广阔的尖端学科之一，是生物、医学、畜牧、农学以及水产等涉及生物相关专业的学科中的一门必修课。我们从 20 世纪 50 年代末的诺贝尔医学奖和生理学奖的研究领域就能发现它的重要性，因为这些奖项基本上都是授予了从事细胞生物学研究的科学家们。

❖ 列文虎克，荷兰显微镜学家，微生物学的开拓者

人体最开始由一个成熟的受精卵细胞开始发育，它先是分裂成为两个细胞，然后又以"2"的倍数开始分裂成为数以百万亿计的细胞，在此基础上构成了人的肌体。当然，构成人体的细胞大小不一，人体最大的细胞是成熟的卵细胞，直径大约 0.1 毫米。

碳元素是构成细胞的基本元素，在元素表中用 C 来表示，除碳元素外，构成细胞的其他基本元素还有：氮（N）、氧（O）、氢（H）。这里我们总结出细胞的八大共性：

1. 所有的细胞都由两种核酸，即 DNA 和 RNA 构成；

2. 所有细胞表面都覆盖着一层细胞膜，这是一种由磷脂双分子层与镶嵌在内的蛋白质及外表面的糖被构成的生物膜，人体有一种特殊的细胞——癌细胞没有糖被，所以它容易游走扩散；

3. 绝大多数的细胞是按"2"的倍数进行分裂的，但也有少数的异类，比如蓝藻中有些物种是从老细胞中产生新细胞的；

4. 细胞是遗传信息复制和转录的唯一载体；

5. 细胞能进行新陈代谢；

6. 核糖体是合成蛋白质的"机器"，它蕴藏在一切细胞中，核糖体在细胞遗传信息交流传递过程中起关键作用；

7. 细胞会自由运动；

8. 部分细胞可以进行遗传和自我增殖，但是高度分化的细胞不具备这一功能。

知识小链接

1632 年 10 月 24 日，荷兰德尔夫市出生了一个男婴。8 岁时，男孩的石匠父亲积劳成疾，早早去世，他只得离开仅上了 10 天的学校。但他并未放弃学习，而是一直坚持自学，掌握了渊博的生物学和数学知识。他在前人的基础上发明了显微镜，发现了蠕动的微生物，创立了细胞学。这位伟大的科学家就是列文虎克。

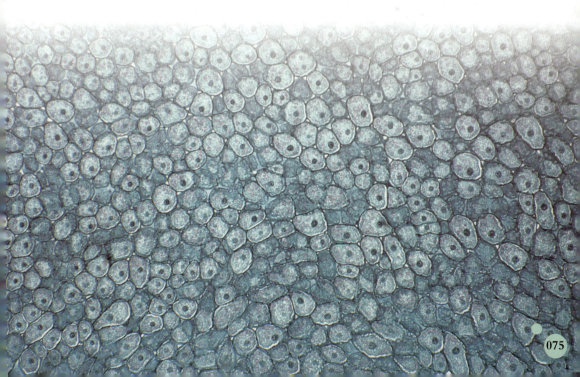

Part4 第四章

认识**细胞结构**

细胞虽小，但其结构却很精巧复杂，主要由细胞膜、细胞质、细胞壁、细胞核等构成单体细胞。

我们先来了解细胞膜，它是细胞和环境之间、细胞器和细胞质之间的分界线，它有调节物质进出的功能，细胞膜上有多种不同类型的蛋白质，它们各有分工，有的蛋白质负责传递讯息，有的起防御功能，有的则是协助物质的进出。

❖ 细胞核

有人把细胞膜比喻成一个塑料袋，将那些胶状、液状的细胞质装得满满的，这些胶状、液状的细胞质可以分为细胞质基质和细胞器。维持生命现象的基本物质全部蕴含在细胞质中，这里是整个细胞运作的地方。此外，细胞质内部构造是网状的，这层网就是细胞骨架，细胞骨架支撑着细胞保持一定的形状，同时引导内部物质移动。

而细胞壁，并不是所有生物的细胞都有这一结构，动物细胞就不存在细胞壁，它是只存在于真菌、植物和细菌上的一个结构。

最后，我们要说细胞核，细胞核是整个细胞的中枢，遗传物质就蕴藏在这里，包括染色体（脱氧核糖核酸以及一些特殊的蛋白质）和核糖核酸等，核膜上有许多被称为核孔的小孔，它由多达数十种的特殊蛋白组成，构造特殊，只允许特定的物质自由通过。

Part4 第四章

对**蛋白质**的认识

在 1838 年荷兰科学家格里特发现蛋白质之前，人们对于蛋白质的认识经历了一个非常漫长的过程。

蛋白质这一名词最早是由荷兰化学家马尔德提出的，在荷兰语中有"名列第一"的意思，他认为蛋白质是构成人体生命的最主要物质，人的生命离不开蛋白质。虽然细胞是构成人体组织、器官的基本单位，但蛋白质又是细胞的主要成分。人在儿童时期，蛋白质用来形成血液、骨骼、毛发、肌肉、神经等，成年人则需要蛋白质来更新组织、修补老化和损伤的肌体。可以说，蛋白质是人类生命正常延续的物质基础。

◆ 蛋白质结构图

人体内的神经递质、多肽类激素、酶、胺类、抗体以及核蛋白等一些生理活性物质和细胞膜上、血液里起到载体作用的蛋白都离不开蛋白质。

蛋白质分为两种：完全蛋白质和不完全蛋白质。我们平常摄入的蛋白质包含 20 多种氨基酸，其中有 8 种是人体不能够合成，必须依赖食物供给的，俗称人体必需氨基酸。这 8 种必需氨基酸分别是：苯丙氨酸、色氨酸、苏氨酸、缬氨酸、异亮氨酸、亮氨酸、赖氨酸、蛋氨酸。含有丰富氨基酸的优质蛋白质又被称为完全蛋白质，奶、鱼、蛋、肉类和大豆中就包含有丰富的完全蛋白质。那些缺乏或者含必需氨基酸量少的蛋白质被称为不完全蛋白质，它们通常不能维持健康的肌体，麦类、玉米以及谷类中所含的蛋白质和动物

皮骨中的明胶等就属于这类蛋白质。不要过分迷信高级滋补品，像阿胶、鱼翅等众多高级补品，它们所含的蛋白质也多以白明胶为主，所以也是不完全蛋白质。

蛋白质是构成生命的物质基础，蛋白质不仅是构成机体组织器官的基本成分，而且具有分解与合成功能，正是这种功能推动着生命活动，让机体拥有正常的生长、发育、繁殖、遗传以及修补损伤组织的生理功能。

基于上述原因，现代生物学认为蛋白质和核酸是构成生命的主要物质基础。

知识小链接

1909年，在达尔文提出进化论半个世纪后，丹麦学者约翰逊在此基础上提出了"基因"学。他认为，各种生物之所以能保持前代的特性是一种名叫"基因"的遗传物质，它能忠实地复制自我。若它发生突变，生物将改变原来特性，或变异，或致病。基因学成为20世纪最前沿的生物学，和计算机、原子弹等并称为"新三大发现"。

Part4 第四章

基因是怎么回事

> "基因"这个词是来自于古希腊的词汇，它的意思是"生"。基因在生物学中的解释是指携带着遗传信息的 DNA 序列，它是控制性状的基本遗传单位。

基因若是要表达自己所携带的信息，需要通过指导蛋白质的合成来完成，以此来控制生物个体的性状表现。人类体内大概有 20,000~25,000 个不同基因。

奥地利人孟德尔是遗传学的奠基人，他为了研究遗传学在布尔诺（原来属于德国，现在属于捷克）的奥古斯丁教派修道院的菜园里辛勤工作了 8 年，于 1865 年 2 月的奥地利自然科学学会会议上发表了自己有关植物杂交研究的结果。第二年，他又在奥地利一个重要的自

❖ 遗传学的奠基人孟德尔

然科学学会年刊上发表了他的著名论文——《植物杂交试验》一文。他在论文中，首次提出两个遗传学的基本规律——自由组合定律和分离律。

孟德尔在论文中指出，生物的每一个性状都是遗传因子作用的结果，每一个遗传因子就是一个独立的遗传单位。如此一来，便可以把那些可以观察到的遗传性状和控制它的遗传因子区分来研究，所以，遗传因子就是基因的基础名词。

孟德尔是在 19 世纪推断出了基因的存在，这一推断并不是通过观察得来的。在达尔文提出了进化论观点之后，孟德尔便开始通过对豌豆进行不同的试

❖ 美国遗传学家兼胚胎学家
T.H. 摩尔根

验来证实他的理论，试验开使之初，并没有引起大家的重视，直到了 19 世纪末，人们才注意他的试验结果。尽管孟德尔对这种物质的了解还不是太全面，但是，不能否认孟德尔的"遗传因子"的提出为现代基因概念的产生打开了大门。

1910 年，美国遗传学家兼胚胎学家 T.H. 摩尔根在果蝇中发现白色复眼突变型，首先说明基因可以发生突变，而且由此可以知道野生型基因 W+ 具有使果蝇的复眼发育成为红色这一生理功能。1911 年摩尔根又在果蝇的 X 连锁基因白眼和短翅两品系的杂交子二代中，发现了白眼、短翅果蝇和正常的红眼长翅果蝇，首先指出位于同一染色体上的两个基因可以通过染色体交换而分处在两个同源染色体上。交换是一个普遍存在的遗传现象，不过直到 40 年代中期为止，还从来没有发现过交换发生在一个基因内部的现象。因此当时认为一个基因是一个功能单位，也是一个突变单位和一个交换单位。

丹麦遗传学专家约翰逊在 1909 年发表了他的著作《精密遗传原理》，书中首次提出了"基因"这个概念，从此基因代替了遗传因子这一概念，基因也成为遗传学的重要名词发展至今。此外，约翰逊在书中还提出 "表现型"和"基因型"两个术语，进一步阐述了基因与性状的关系， 即便是"基因"概念已经提出，但它还仅仅停留在概念阶段，是一个未经证实的内容。

进入 20 世纪后期，随着科学技术和生物技术的迅猛发展，基因概念也日趋成熟。

1969 年，J. 夏皮罗等从大肠杆菌中分离出乳糖操纵子，并且使它在离体条件下进行转录，证实了一个基因可以离开染色体而独立地发挥作用，于是颗粒性的遗传概念更加确立。随着重组 DNA 技术和核酸的顺序分析技术的发展，对基因的认识又有了新的发展，主要是发现了重叠的基因、断裂的基因和可以移动位置的基因。

现代遗传学家认为，基因是 DNA（脱氧核糖核酸）分子上具有遗传效应的特定核苷酸序列的总称，是具有遗传效应的 DNA 分子片段。基因位于染色体上，并在染色体上呈线性排列。基因不仅可以通过复制把遗传信息传递给下一代，还可以使遗传信息得到表达。不同人种之间头发、肤色、眼睛、鼻子等不同，是基因差异所致。人类只有一个基因组，大约有 3 万个基因。人类基因组计划是美国科学家于 1985 年率先提出的，旨在阐明人类基因组 30 亿个碱基对的序列，发现所有人类基因并搞清其在染色体上的位置，破译人类全部遗传信息，使人类第一次在分子水平上全面地认识自我。

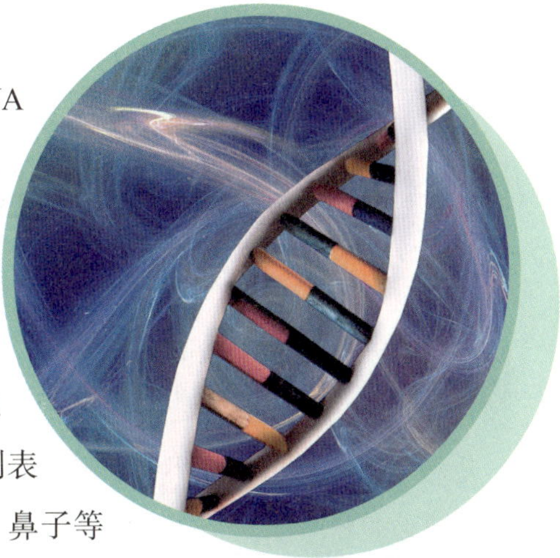

❖ 脱氧核糖核酸

知识小链接

中国遗传学之父、著名的科学家和教育家谈家桢在复旦大学首设遗传学专业，创建了第一遗传学研究所。他在美国加州理工大学留学时接触了基因学，并将 Gene 一词介绍到中国，译作基因。

遗传的秘密

遗传信息是指生物为了复制和自己相同的东西，并有亲代传递给子代或者各个细胞在每次分裂时，由细胞传递给细胞的信息，这也就是碱基对的排列顺序。

遗传信息的翻译要经历起始、延长、终止 3 个阶段。翻译主要由细胞质中的核糖体来完成，氨基酸分子通过转运核糖核酸（RNA）被带到了核糖体中，从而生成多肽链，多肽链在形成蛋白质的过程中，进行进一步的翻译修饰之后就具有了生物活性。

当然，不同类型的生物，在遗传信息的传递过程中也存在较大差异，生物遗传信息的传递分为 4 种类型，即 DNA 复制型、RNA 复制型、RNA 逆转录型、蛋白质复制型。

在 DNA 复制型中，生物体的遗传信息流动主要包含以下内容：DNA 的自我复制，这个阶段遗传信息流动方向是从 DNA 到 RNA；DNA 的转录和翻译，这里的遗传信息流动的方向是从 DNA 到 RNA 再到蛋白质，这种类型的生物主要是地球上绝大多数的动植物和噬菌体病毒。

在 RNA 复制型中，生物的遗传信息流动包括两点：一是 RNA 的自我复制，遗传

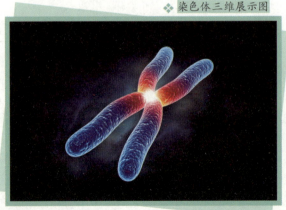

❖ 染色体三维展示图

信息的流向是从 RNA
到 RNA；另外一种是
翻译，遗传信息的流动
方向是从 RNA 到蛋白
质。这种类型的生物主
要是植物病毒，像烟草
花叶病毒和动物病毒，

知识小链接

基因、DNA 和染色体的关系：基因是指能够编码一段遗传特性的 DAN 或 RAN 片段，在 DAN 分子上呈线性排列；DNA 是一种脱氧核糖核酸分子，特制遗传物质，可长可短；染色体是DNA 的组装形式，不仅含有 DNA 片段，还其他组装蛋白。总之，基因一般在染色体上，而染色体是 DNA 的组装形式，实质也是 DNA。

如脊髓灰质炎病毒。但是，也有些遗传信息的流动只有一种就是 RNA 的自我复制，这种遗传信息的流动方向就是简单地从 RNA 到 RNA。这种类型的代表就是非典病毒和流感病毒之类。

在 RNA 逆转录型中，生物信息流动包含了 3 点：首先是 RNA 的逆转录，遗传信息的流动方向是从 RNA 到 RNA；其次是转录，遗传信息的流动方向是从 DNA 到 RNA；最后是翻译，遗传信息的流动方向是从 RNA 到蛋白质。这种类型的代表是能导致艾滋病的人体免疫缺陷病毒 HIV 和致癌病毒。

最后一种是蛋白质复制型，蛋白质复制的生物中，生物体的遗传信息流动只包含一点，那就是蛋白质的复制，遗传信息的流动方向是从蛋白质到蛋白质。这种类型的生物直到现在只发现了一种，那就是在欧美地区经常出现的疯牛病病毒。

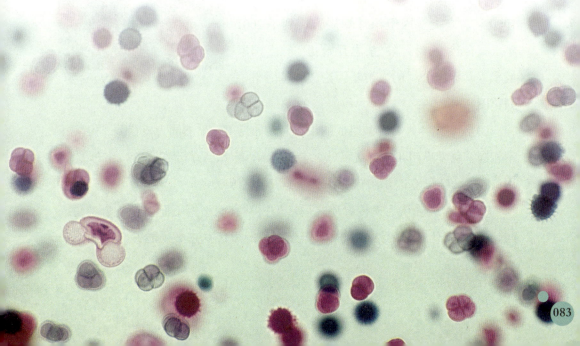

DNA 解密

瑞士医生费雷德里希·米歇尔是最早将 DNA 分离出来的人。1869 年，费雷德里希·米歇尔从残留在绷带里的脓液中发现了一些只能在显微镜下观察到的物质，这些物质单独存在于细胞核中，米歇尔将之称为"核素"（nuclein）。

马修·米西尔逊和富兰克林·斯塔尔于 1958 年，在试验中首次确认了 DNA 的复制机制。之后，克里克团队的 DNA 研究又取得新的进展，该实验室提出遗传密码是由 3 个碱基以不同的方式组合而成的，这 3 个碱基又被称为密码子。

为了对人类的 DNA 序列有个系统的认识，1990 年，人类基因组织计划展开，到了 2001 年，《自然》《科学》杂志开始刊登很多国家或私人基因组公司的人类基因论文和基因组序列草图。

❖ 瑞士医生费雷德里希·米歇尔

DNA 是由 4 种核苷酸组成的，它们亲如兄弟，虽然同为核苷酸，但又各不相同，科学界用 4 个英文字母对它们表示，字母 A 表示腺嘌呤，字母 G 表示鸟嘌呤，字母 C 表示胞嘧啶，字母 T 表示胸腺嘧啶。

在 DNA 被确认为遗传物质之后，生物学家们不得不面临着一个难题：DNA 应该有什么样的结构，才能担当遗传的重任？它必须能够携带遗传信息，能够自我复制传递遗传信息，能够让遗传信息得到表达以控制细胞活动，并且能够突变并保留突变。这 4 点，缺一不可，如何建构一个 DNA 分子模型解释这一切？

根据科学分析，每一个人拥有 400 万亿个细胞（皮肤、肌肉、神经等），人体细胞除了红血球外都拥有一个由 46 条染色体组成的细胞核，染色体本身又由 DNA 染色体丝构成，这种染色体丝在所有细胞中都是相同的。根据 DNA 可以断定两代人之间的亲缘关系，因为一个孩子总是从父亲

◆ DNA 双螺旋结构

和母亲身上各接受一半基因物质的。科学家们还把 DNA 研究的目标放在确定导致人们生病的基因起源方面，以便将来更好地认识、治疗和预防危害人类健康的各种疾病。

人的遗传性状通过密码来传递，目前所知道的人类 DNA 遗传密码多达 30 亿个，从而排列成了大约 2.5 万个基因，人类的基因中有相同点，更有不同点，这些不同点恰好决定了人与人之间的区别和差异，构成了人类的多样性。

DNA 的可信度如何呢？两个人的染色体是否会相似？根据科学试验，这种可能性只有千万分之一。然而，在所有过程中出现差错将是可能的，这主要是在提取和化验标本的时候，标本也可能受到另一个人 DNA 的污染。为了保证 DNA 的可靠性，必须在提取标本和化验分析时严格把关。现在，由于采用为基因组序列计划而研制的新器械，不仅可以避免可能的错误，而且大大加快了 DNA 检查的速度。

知识小链接

动物的染色体千差万别，各不相同，如绵羊 27 对，马 76 对，牛 50 对，狗 78 对等。作为万物之灵的人有 23 对染色体，而和人类最为接近的大猩猩等灵长目动物却有 24 对。目前为止，生物学家们尚未发现和人类染色体数目相等的动物，若真能发现，必将是令世界瞩目的科技成就。

Part4 第四章

基因是**自私**的吗

> 基因被发现后的几十年里，误解性和破坏性一直围绕着"自私的基因"，这是为什么呢？

在1976年，牛津大学的进化学家理查德·道金斯出版了一本有关基因的书籍，在他的书中他用了一个让人不解的标题——自私的基因。在他看来，人类是基因的产物，而基因之所以可以延续生命，就是因为基因像自然界的野兽一样，具有残酷的竞争性。

❖ 牛津大学的进化学家理查德·道金斯

基因的本职工作是复制，而每个动物只是它们进行生存的载体。我们知道，动物个体的生命是有限的，不可能无止境延续。但是，载体的死亡并不代表基因的终结。换句话说，每个动物个体都有繁衍的职责，在完成这个使命后就会被抛在一边，动物本身只是制造更多DNA的一种工具。举一个简单的例子：鸡只是为了生产更多鸡蛋的工具。

为什么说基因的属性就是自私呢？若基因是利他而不自私的话，就会把生存的机会让给别的基因，自己就只剩下消亡的结果。这就像自然界的物竞天择，留下来的都是自私的动物。由此，我们可以看出基因是自私行为的基本单位，也是动物在自然界各个层次上发生自私行为的根本原因所在。虽然基因的自私性直接导致了个体行为的自私性，但是也不排除它有利他主义行为的可能。

利他主义又被称作利他行为，是指那些以牺牲自身生存和生殖为代价，为增加其他个体生存机会和生殖成功率的行为。利他主义有多种表现，比如，有的是在表现型层次的利他，有的是在基因型层次上的利他，有的则是彻底的利他，彻底的利他是在表现型层次和基因层次都是利他的。

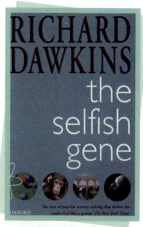

❖ 理查德·道金斯出版的
《自私的基因》

达尔文在进化论观点中，把动物界的利己和排他看作自然选择的结果，如果按照"适者生存"的观点就无法解释清楚动物间的利他行为。针对这一问题，道金斯认为，自然选择的基本单位并不是物种，更不是种群或者是群体，与个体和染色体也没有任何关系，反而是基因才是遗传物质的基本单位。站在基因的层次上就非常容易解释动物的利他行为了。

我们的命运并不完全因为基因就能决定，尽管我们拥有的是自私的基因，但它所构成的神经系统又能够帮助我们逃离困境，只要我们了解自身，就不会完全沦为基因的工具，我们就可以决定生命走向。基因与道德是两个不同的概念，虽然我们是基因的工具，但我们也要更进一步认识它们。

知识小链接

一般来说，物种经历过漫长的进化后已经决定了该物种的基本属性，若无基因变异，一般不能生成新的物种。但这并非意味着不可能，比如"狮虎兽"，它就是狮子和老虎的后代，两者染色体都是19对，能杂交繁育。由于染色体的配对很不稳定，这种动物很脆弱，难以活得长久。

虽然自私的基因不会思想，但基因创造的人类却学会了通过不断地了解自身，认识微观世界来获得摆脱基因控制我们的能力。就像道金斯在《自私的基因》一书中所说的："让我们设法通过教育把慷慨大度和利他主义灌输到人们头脑中去吧！因为我们生来是自私的。让我们懂得我们自私的基因居心何在。因为这样我们至少可以有机会去打乱它们的计划，而这是其他物种从来未能希望做到的。"

Part4 第四章

什么是人类基因组计划

人类基因组计划于 1985 年由美国科学家提出，并于 1990 年正式启动。世界多个国家共同参与了这一计划，其中包括了美国、英国、中国、日本、德国、法国等。

人类基因组计划投资约 30 亿美元，并于 2000 年完成了"工作框架图"，测定出人体 23 对染色体是由 3×10^9 个核苷酸构成的全部 DNA 序列。2001 年，初步分析结果和基因图谱由该组织公布于众。什么是基因组？基因组就是一个物种中所有基因的整体组成。人类基因组有两层意义：遗传信息和遗传物质。要揭开生命的奥秘，就需要从整体水平研究基因的存在、基因的结构与功能、基因之间的相互关系。

人类基因组计划是一项由国际合作跨学科且规模宏大的科学研究工程，它的目的是测定组成人类染色体尤其是指单倍体中所包含的 30 亿个碱基对组成的核苷酸序列，以此作依据绘制人类基因组图谱，并且识别它们所载有的基因和序列，最终达到破译人类遗传信息的目的。基因组计划的研究有助于让人类认识自身、掌握生老病死规律、疾

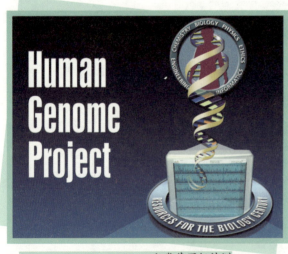

❖ Human Genome Project，人类基因组计划

病的诊断和治疗、了解生命的起源。测出人类基因组 DNA 的 30 亿个碱基对的序列，发现所有人类基因，找出它们在染色体上的位置，破译人类全部遗传信息。它是继曼哈顿计划和阿波罗登月计划之后人类科学史上又一项伟大工程。到了 2005 年，人类基因组计划的

❖ 食物的基因变异

测序工作已经完成全部工作的 92%。

对人类基因组的研究早在 20 世纪 70 年代就已经展开，许多国家在 80 年代已经取得一定进展。1984 年美国相关机构召开了一个小型专业会议讨论测定人类整个基因组的 DNA 序列的意义和前景。

1985 年 5 月在加州举行的一次会议上首次提出了测定人类基因组全序列的动议，形成了美国能源部的"人类基因组计划"草案。1990 年 10 月 1 日，经美国国会批准美国 HGP 正式启动，总体计划在 15 年内投入至少 30 亿美元进行人类全基因组的分析。

中国是世界上人口最多的国家，有 56 个民族和极为丰富的病种资源，并且由于长期的社会封闭，在一些地区形成了极为难得的族群和遗传隔离群，一些多世代、多个体的大家系具有典型的遗传性状，这些都是克隆相关基因的宝贵材料。但是，由于中国的 HGP 研究工作起步较晚、底子薄、资金投入不足，缺乏一支稳定的、高素质的青年生力军，中国的 HGP 研究工作与国外近年来的惊人发展速度相比，差距还很大，并且有进一步加大的危险。如果我们在这场基因争夺战中不能坚守住自己的阵地，那么在 21 世纪的竞争中我们又将处于被动地位：我们不能自由地应用基因诊断和基因治疗的权利，我们不能自由地进行生物药物的生产和开发，我们亦不能自由地推动其他基因

奇妙的生命世界

知识小链接

中国在"人类基因组计划"中承担的是位于三号染色体上的基因片段，约占整个人体基因组工程的1%，因此在国内也被称为"1%项目"。该项目主要由中科院、科技部和国家自然基金会共同完成。2001年8月，中国提前2年完成破译工作，并通过了专家组验收。

相关产业的发展。

中国1994年启动HGP，现已完成南北方两个汉族人群和西南、东北地区12个少数民族共733个永生细胞系的建立，为中华民族基因保存了宝贵的资源，并在多民族基因组多样性的研究中取得了成就，在致病基因研究中有所发现。定名为中华民族基因组结构和功能研究的HGP为"九五"国家最大的资助研究项目之一，为中国在21世纪国际HGP科学的新一轮竞争中占据有利地位打下了基础。

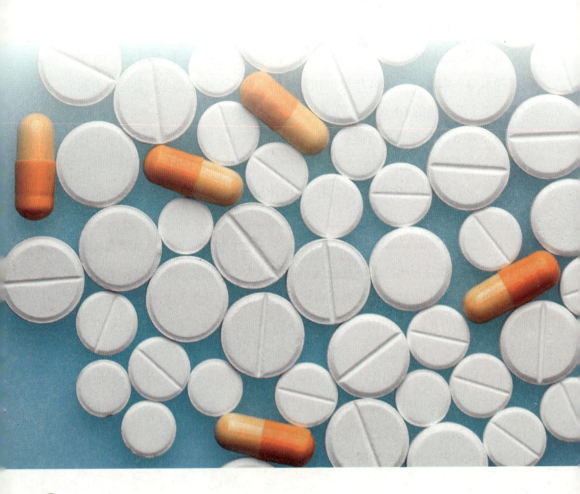

Part4 第四章

基因技术的广阔前景

借助于基因技术，人类可以破解自身基因密码，以促进人类健康、预防疾病、延长寿命，其应用前景都是极其美好的。

人类 10 万个基因的信息以及相应的染色体位置被破译后，将成为医学和生物制药产业知识和技术创新的源泉。

基因技术革命与工业革命、信息革命一样，将对人类发展产生深远的影响。它能从基因诊断、基因制药、基因治疗等领域改变人们的生活。与此同时，基因技术还给商业带来广阔的前景，医药企业借助基因工程将会带来巨大效益。

知识小链接

转基因食品是安全的吗？转基因食品是指利用基因技术在某种农作物上嵌入了其他作物的基因，使其果实更大、产量更高、抗病虫能力更强。在基因食品安全问题上，各国还未达成一致。有学者称，人类擅改农作物基因，将导致不可预知的危险。也有学者认为转基因食品是安全的，不会对人类、畜禽产生危害。

随着人类对基因研究的深入，人类在基因技术领域已经有了长足的发展，并在一些方面取得成果。

第一是基因制药。在医药制造领域，一种新型药物作用靶位和受体是最耗时的，科学家们只能采用试错法来对药物的作用进行研究。人类基因组研究计划完成后，这一局面将被打破，试错法在药物研究中将不再是最好的办法。因为科学家可以利用基因组研究的成果来设计药物。这不仅可以节省药物研制时间，同时还能降低药物研制的费用。因此，基因技术对制药业是一次重大的革命，大规模制药将会变为现实。现阶段，世界上已经有500多个基因用于药物的开发，基因组计划全部完成之后，这个数量将会提高6倍到20倍，最多可达1万个。

第二是基因诊断。基因诊断是人类基因组计划中最容易产生效益的一项。基因诊断的意义有两个方面：一是遗传性疾病中难以诊断的难题将成为历史，因为遗传性疾病也是由某种基因来决定的，通过基因诊断技术，有遗传病史的人就能在病症没有发作之前得到确诊；二是基因诊断技术还可以使那些隐藏在人体细胞基因中的病毒无处遁形。如肝炎病毒、癌症病毒和艾滋病病毒，这样医务人员就能发现并消灭它们。

基因诊断技术主要运用在3个方面：首先，通过检测疾病基因和特定基因来判断某种疾病在这个个体中发病概率的大小，以便采取防范措施来预防这种疾病的发生；其次，借助基因诊断技术针对某种疾病完成个性化药物生产；最后，通过基因诊断精确地判断或是确诊一些传染性疾病或者肿瘤在个体中是否存在，给临床医生确诊患者的病情提供帮助。

基因诊断技术目前已经广泛应用于疾病监测、婚前检查、亲子鉴定等领域，并且在人类生活方面具有广阔的应用前景，因此得到世界医学界的重视。

第三是基因治疗。基因治疗通俗讲就是把病人体内病变的基因更换成正常基因以达到治病的目的。在医学上遗传病一直是困扰专家的难题，而基因治疗则是治疗遗传病的唯一方法，如将第9凝血因子导入患者体内，能够治愈血友病，把胰岛素置入患者体细胞内能够根治糖尿病等。基因治疗无疑会开创人类医疗史上的新纪元，遗传学业已证实，人类有6500余种遗传疾病是由基因问题引起的，如果采用基因疗法，这些疾病将不再是疑难杂症。

Part4 第四章

什么是克隆技术

> 克隆技术又称为无性繁殖技术，是通过无性繁殖来完成连续传代并形成群体的目的。

克隆的结果就是复制一个和标本完全一样的多细胞生物个体。在生物学中，克隆分两个层面，一是克隆某种基因，二是克隆某个物种。

克隆是英文 clone 的音译，简单讲就是一种人工诱导的无性繁殖方式。但克隆与无性繁殖是不同的。无性繁殖是指不经过雌雄两性生殖细胞的结合、只由一个生物体产生后代的生殖方式，常见的有孢子生殖、出芽生殖和分裂生殖。由植物的根、茎、叶等经过压条、扦插或嫁接等方式产生新个体也叫无性繁殖。绵羊、猴

❖ 克隆羊"多利"

子和牛等动物没有人工操作是不能进行无性繁殖的。科学家把人工遗传操作动、植物的繁殖过程叫克隆，这门生物技术叫克隆技术。

克隆技术的设想最早是在 1938 年由德国胚胎学家提出的，1952 年，科学家用青蛙开展了首例克隆实验，之后不断有人利用各种动物进行克隆技术研究。由于几十年里这项技术一直没有进展，所以在 80 年代初期一度进入低谷。后来，有人用哺乳动物胚胎细胞进行克隆取得成功。1996 年 7 月 5 日，

克隆技术对中国人来说，一点也不陌生：《西游记》中，孙悟空拔一根毫毛嚼碎，向空中一撒，吹口仙气，念动咒语，立刻会变出无数个小猴子。英国科学家在了解到这一细节时感慨地说："500年前的中国人就已接触了克隆技术，古代中国人的想象力令人赞叹。"

英国科学家伊恩·维尔穆特博士用成年羊体细胞克隆出一只活产羊，给克隆技术研究带来了重大突破，它突破了以往只能用胚胎细胞进行动物克隆的技术难关，首次实现了用体细胞进行动物克隆的目标，实现了更高意义上的动物复制。研究克隆技术的目标是找到更好的办法改变家畜的基因构成，培育出成群的能够为消费者提供可能需要的更好的食品或任何化学物质的动物。

❖ 英国科学家伊恩·维尔穆特博士

Part4 第四章

胚胎工程

胚胎工程就是指对哺乳动物的胚胎进行的一种工程技术处理，让它继续进行发育，成为人们所需要的成体动物的一种技术。

胚胎工程涵盖胚胎移植、体外受精、胚胎融合、胚胎分割、胚胎性别鉴定、胚胎的冷冻保存、卵核移植技术和基因导入技术等。

早在 1890 年西方国家就已经着手关于哺乳动物体外受精技术的研究了，当时的英国胚胎学家 Walter Heape 和外科医生 Samual Puckley 合作将安哥拉纯白色长毛兔两个细胞胚胎植入了有色短毛雌兔子宫内，雌兔共产下了 6 只幼兔，其中有 2 只白色长毛兔，这是胚胎移植首次试验成功。1947 年，美籍华人张明觉把兔子的受精卵保存在 5~7℃ 的恒温箱里，后来用这些受精卵成功繁殖出幼兔。这两次试验都是将体内受精卵取出移植，但是体外受精却要困难得多。1951 年，张明觉和 Austin 在试验室观察到哺乳动物的精子的生物特性，这些精子在进入卵细胞之前会经历一些生理变化。于是，张明觉在他前期研究的基础上与 Heape 的胚胎移植技术相结合，克服了许多困难，终于培育出第一只体外受精胚胎移植的幼兔。他的试验成果为人类体外受精胚胎移植技术打开了大门。

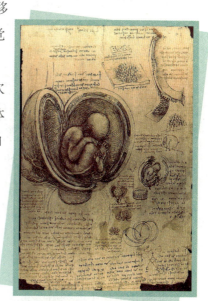

❖ 达·芬奇绘制的《胚胎研究》

胎胎移植技术经历了 3 个重要的发展阶段，分别是实验生物学、家畜试验和畜牧生产。实验生物学阶段的标志是 1890 年英国科学家希普进行的兔胚胎移植试验成功。这个试验证实了胚胎能够在同类母体内正常发育的可能性。而后进行的很多成功试验都为研究者积累了宝贵的经验，而在羊、牛、马和猪试验上的成功，让胚胎移植进入畜牧生产领域的可能性成为现实。

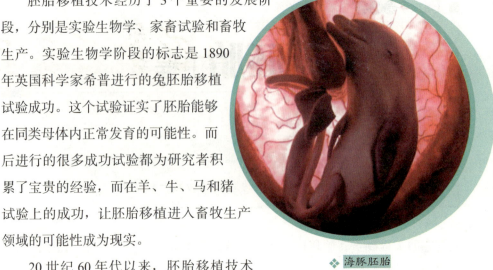
❖ 海豚胚胎

20 世纪 60 年代以来，胚胎移植技术取得了突破，其中的胚胎收集、保存和移植研究都取得了长足的进展，使得这一技术应用在畜牧生产中更趋于成熟。

进入 20 世纪 70 年代后，胚胎移植开始应用于畜牧生产阶段，在这个阶段中，牛的胚胎移植技术走在了前列，特别是在奶牛的育种和生产中取得较好的经济效益。很多国家专门成立了牛胚胎研究公司，在国际上，胚胎贸易和技术服务作为一种新兴领域，也得到迅速发展。

最近 20 年来，科学界已经掌握了丰富的牛胚胎移植技术，而且移植技术更为简捷、实用、方便。目前的技术已经可使一头供体牛产下 2 ～ 4 头犊牛。

人类在其发展史中对卵以及卵子成熟的研究已经拥有丰富的经验，腹腔镜的发明使取卵手术更加方便快捷。1977 年，生物学家斯蒂芬和爱德华在一次试验中，首次利用腹腔镜成功取到卵子，经过体外受精和发育后，将胚胎移植到母体子宫中并成功获得妊娠。 1978 年 7 月，世界上第一位试管婴儿在英国剑桥大学诞生。中国首例试管婴儿于 1988 年 3 月在北京医科大学第三医院诞生。

胚胎移植技术能够解决很多实际问题，比如，马鹿是我国二级保护动物，近几年随着人类活动范围的扩大，马鹿的数量逐年减少，留下的种群也出现了退化和近亲繁殖的现象，现在利用胚胎移植技术就能很好地解决这一问题。

为此，我国在新疆奇台林场专门设立了马鹿养殖基地，用于天山马鹿种源保护与繁育。2004年6月19日，马鹿养殖基地迎来了7只通过胚胎移植诞生的小马鹿。根据奇台林场的场长马明奎介绍，通过胚胎移植诞生的马鹿个体明显比其他马鹿大，身体也更为强壮，活动能力也更加优秀。

知识小链接

既然自然界存在杂交优势，为什么还要培育纯种马和绝种狗呢？生物学家认为，杂交优势是相对的，其优势背后的劣势更明显，如杂交水稻亩产虽高，但不会自繁后代；骡子（驴和马的后代）食量小负重大，但不会生育。纯种和杂交的目的实际是保护动物纯粹性的同时，开发多样性。

Part4 第四章

疾病是如何产生的

疾病带给人们的不仅是身体的折磨，还会影响人们的经济和生活。人类的疾病分很多种类，尽管这些疾病的表现形式不同，但是究其根源，它们还是有共同特征的。

诺贝尔医学奖获得者利根川进曾经说过："人类所有的疾病都与基因的受损有关。"北京在1998年8月召开过第十八届国际遗传学大会，在这次会议上，科学家们取得了这样的一个共识：人类的正常衰老和死亡是受到基因控制的，所以，不管是在防治疾病还是在延缓衰老都应该在基因这个层次上给予研究来解决问题。

❖ *病原微生物*

杨焕明教授是中国人类基因组计划项目的秘书长，他也指出："人类所有的疾病，都是直接或者间接地与人类的基因有关系的。"通过对基因的科学研究，我们知道所有的疾病都是基因病。

基因与人类的疾病有着密不可分的关系，在精子、卵细胞形成阶段，就有很多基因和染色体片段因为某一缺陷而无法表达，这种现象在医学上被称作是基因印记。疾病产生的主要原因就是人体内的蛋白质分子功能和结构的异常导致的。基因印记模式出现问题就会导致个体精神发育异常或导致成人和儿童的一些肿瘤，甚至引起人类遗传性疾病。

人和人之间 99.9% 的基因是相似的，只有这 0.1% 的不同构成人与人之间的健康差异，所以就造成这些人身体状况不好，更容易得病。造成这一问题的原因有两个：遗传和周围环境。目前，基于功能研究的进一步的深入和发展，人类掌握自身身体健康的命运也在改善。

基因病主要有三种，一种是目前已知的 6000 多种单基因病；第二种是涉及两个或两上以上的基因结构改变的多基因病；第三种是由于病原微生物感染引起的获得性基因病。

人爱吃垃圾食物跟基因有关

英国的科学家研究发现，"垃圾食品"是一些人的最爱，总是控制不住自己去吃这些食品，这并不是这种食品口味吸引人，而是由于这些人的基因发生了变异而导致的。那么这一习惯就没法改了吗？研究人员表示，如果这些人能够建立一个更为健康的生活方式，那么就算这种基因变异，也不一定能使这些人变成胖子。2007 年，科学家们发现人体肥胖和一种叫做 FTO 的基因有关，但是，人们一直都没有进一步掌握它的机理所在。

❧ 垃圾食物

2008 年 12 月，美国《新英格兰医学杂志》周刊上刊登了一则报道，英国敦提大学生物医药研究学会专家科林·帕尔默的工作小组做了一项试验，试验对象是 2726 个年龄在 4 岁到 10 岁的苏格兰地区的孩子。该小组对孩子们的唾液进行了分析，以检验他们的 FTO 基因是否发生变异情况。另一方面，他们对孩子们一日三餐的食物摄入情况进行了跟踪，当然，食物都是孩子们自由选择的，他们都是按自己的喜好选择各种食物。

试验结果发现，在食物同等重量情况下，FTO 基因发生变异的孩子每餐要比 FTO 基因正常的孩子多摄入 100 卡路里热量。研究人员表示，100 卡路里看上去微不足道，但是长期下去，就可以达到质变，平均 12 天就能够增重 0.45 千克。在这个试验中还发现孩子的基因发生变异，与孩子们的新陈代谢率、运动量、摄食量关系不大。

基于这个研究，帕尔默得出结论：FTO 基因的变异可以让人倾向于选择不健康、更容易肥胖的食物。

❖ 工作压力

压力会影响基因

大多数人都知道，压力会增加患病的几率，可是，却很少有人知道压力与疾病的真正关系是什么。研究成果表明，长期处于高压力环境下，人体免疫系统基因会发生变化。这是《生物精神病学期刊》上刊登的一项实验报告。这是研究人员对两组不同环境下的人群进行对比得出的结论。其中一组是长期照顾病患的有压力的人。

知识小链接

英国生物医学家奥布里·格雷博士大胆预测：随着基因技术、生物技术和微电子技术的发展，人们将掌握"治愈"衰老的秘技，到那时，长生不老将不再是神话。我们相信"聪明绝顶"的人类在干细胞研究和胚胎技术方面会取得上述成就，但问题是地球能承受得了吗？

研究表明，长期照顾病患的高压人群血液中的单核白血球基因发生了变化，这个变化就是白细胞很少可以反馈那些可体松抗发炎的信息了。研究人员米勒指出，这些人的可体松尽管和正常人并没有两样，但是这些细胞却无法探知那些抵抗发炎的信号，也就不能发挥出保护身体的效果。

米勒还指出，以前医学界认为在巨大压力下可使可体松过高并引发疾病，但他们的研究结果却证明这是错误的，他们的试验结论是压力引发疾病的原因是白细胞不能接受可体松发出指挥的信号了。

Part4 第四章

免疫系统的介绍

> 免疫系统是肌体执行免疫应答及免疫功能的一个重要系统。由免疫器官、免疫组织、免疫细胞和免疫分子组成。它是防卫病原体入侵最有效的武器，它能发现并清除异物、外来病原微生物等引起内环境波动的因素。

人体免疫系统的核心部分是淋巴细胞，它是免疫系统的记忆和识别组织。淋巴细胞存在于血液中并在人体全身游动，从一个地方的淋巴组织到达另一个地方的淋巴组织，让全身分散的淋巴组织和淋巴器官连接成为一个有机整体。

❖ 淋巴组织

人类的吞噬细胞有大、小两种。小吞噬细胞是外周血中的中性粒细胞。大吞噬细胞是血中的单核细胞和多种器官、组织中的巨噬细胞，两者构成单核吞噬细胞系统。

当病原体穿透皮肤或黏膜到达体内组织后，吞噬细胞首先从毛细血管中逸出，聚集到病原体所在部位。多数情况下，病原体被吞噬细胞杀灭。若未被杀死，则经淋巴管到附近淋巴结，在淋巴结内的吞噬细胞进一步把它们消灭。淋巴结的这种过滤作用在人体免疫防御能力上占有重要地位，一般只有毒力强、数量多的病原体才有可能不被完全阻挡而侵入血流及其他脏器。但是在血液、肝、脾或骨髓等处的吞噬细胞会对病原体继续进行吞噬杀灭。

病菌被吞噬细胞吞噬后，其结果根据病菌类型、毒力和人体免疫力不同而不同。化脓性球菌被吞噬后，一般经 5~10 分钟死亡，30~60 分钟被破坏，这是完全吞噬。而结核分枝杆菌、布鲁氏菌、伤寒沙门氏菌、军团菌等，则是已经适应在宿主细胞内寄居的胞内菌。在无特异性免疫力的人体中，它们虽然也可以被吞噬细胞吞入，但不能被杀死，这是不完全吞噬。不完全吞噬可使这些病菌在吞噬细胞内得到保护，免受肌体体液中特异性抗体、非特异性抗菌物质或抗菌药物的有害作用；有的病菌能在吞噬细胞内生长繁殖，反使吞噬细胞死亡；有的可随游走的吞噬细胞经淋巴液或血流扩散到人体其他部位，造成广泛病变。

❖ 免疫系统如何对抗丙肝病毒

人体的免疫系统像一支精密的军队，24 小时昼夜不停地保护着我们的健康。它是一个了不起的杰作！在任何一秒内，免疫系统都能协调调派不计其数、不同职能的免疫"部队"从事复杂的任务。它不仅时刻保护我们免受外来入侵物的危害，同时也能预防体内细胞突变引发癌症的威胁。如果没有免疫系统的保护，即使是一粒灰尘都足以让人致命。根据医学研究显示，人体 90% 以上的疾病与免疫系统失调有关。而人体免疫系统的结构是繁多而复杂的，并不在某一个特定的位置或是器官，相反它是由人体多个器官共同协调运作的。骨髓和胸腺是人体主要的淋巴器官，外围的淋巴器官则包括扁桃体、脾、淋巴结、小肠集合淋巴结与阑尾。这些关卡都是用来防堵入侵的毒素及微生物的。当我们喉咙发痒或眼睛流泪时，都是我们的免疫系统在努力工作的信号。

知识小链接

令世界谈虎色变的艾滋病是什么疾病？艾滋病的全称是"获得性免疫缺陷综合征"，英文缩写"AIDS"。这是一种典型的由免疫系统缺陷引起、以至全身免疫系统严重损害的传染性疾病。目前生物技术对之无能为力，感染者将终身携带此病毒。

Part4 第四章

基因组图谱 和生命的关系

由中、美、日、德、法、英6个国家科学部门与美国赛莱拉公司开展的人类基因组计划已经初见成效，并向世人公布了人类基因组图谱和对它的初步分析。

基因组图谱是在人类基因组工作框架图的基础之上经过筛选、分类、整理和排列后得到的能更好识别的图谱。它能够直观地揭示人类基因组基本面貌，代表科学家们已经具有翻译人类生命的"天书"的能力。

曾有科学家预测人类的基因有14万个左右，而赛莱拉公司却将这个范围缩小到2.6833万到3.9114万个之间。如果赛莱拉公司确定的基因数量是正确的，那么人类基因只比果蝇多出大概1万个基因。实际情况是赛莱拉公司的科学家们测量准确度相当高，所以他们预测的准确率应该在99%以上。

奇怪的是不同人种的基因反而比同人种的基因更加相似，从整个基因组序列中可以看出，人与人之间的变异仅仅只有万分之一，万分之一的差别造就了人与人之间的巨大差别。

生命科学就是这样有着太多奥秘并充满神秘感，我们目前的科学和研究似乎还不能

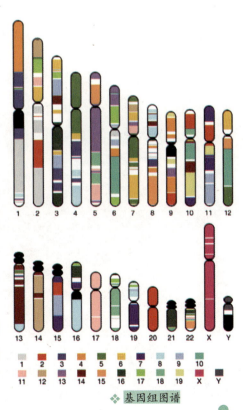

❖ 基因组图谱

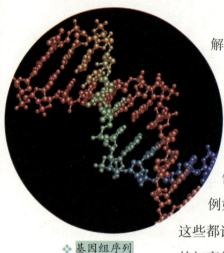

❖ 基因组序列

解释太多的问题，迫使我们不得不思考以科技为核心的人类文明的未来走向，进入 21 世纪之后，我们人类遇到的机遇和挑战是前所未有的。不可否认，科技给我们的生活带来了翻天覆地的变化，但科技带给人们益处的同时也带来了不少的负面影响，例如环境恶化、新型病毒出现、全球变暖等，这些都让人类感到无所适从。人类基因组研究计划的初衷是为人类服务的，可是，在生命科学取得各种突破的时候，我们必须想到这种新兴科技带给人类的负面结果。

知识小链接

在利用基因技术治疗疾病方面，科技强国美利坚照例走在世界的前沿：美国斯隆—凯特琳癌症研究基金会的生物学家雷尼尔·布伦琴，采用基因技术对白血病患者进行治疗，先后成功治愈 13 人，取得重大进步。研究组正在试验此种疗法能否治疗其他癌症。

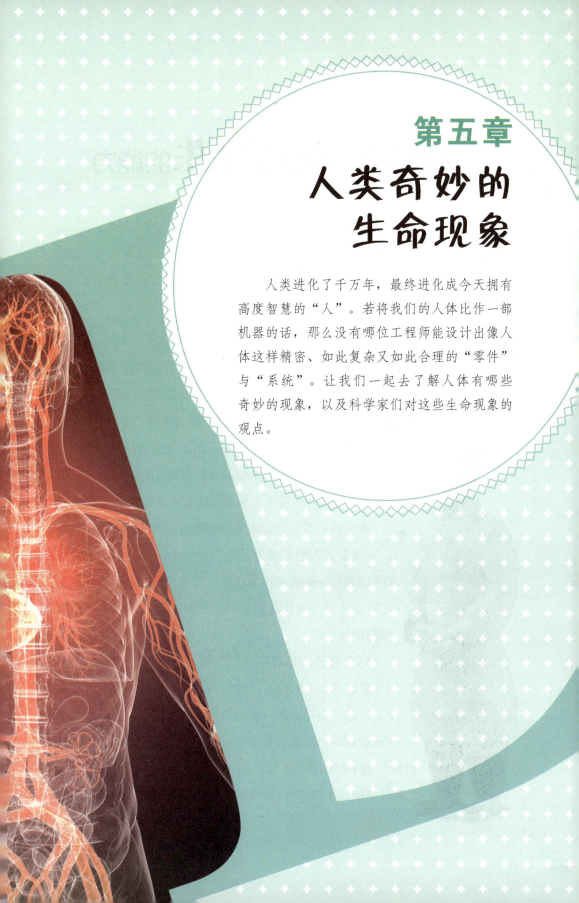

第五章
人类奇妙的
生命现象

人类进化了千万年，最终进化成今天拥有高度智慧的"人"。若将我们的人体比作一部机器的话，那么没有哪位工程师能设计出像人体这样精密、如此复杂又如此合理的"零件"与"系统"。让我们一起去了解人体有哪些奇妙的现象，以及科学家们对这些生命现象的观点。

■ Part5 第五章

人是否具有**死而复生**的能力

中国古代的帝王无一例外都想拥有长生不老之躯，以达到永享荣华富贵的目的，但他们终其一生，没有一个能达到目的。人是否能长生不老或永远不死呢？

美国亚利桑那州的科学家们曾经做出一个惊人之举，把医学界判断为"生命停止"的28个人的身体重要组织存放在液氮中做低温冷藏，科学家们期待有一天，医学界能克服各种病症的时候，让这些人能够"复活"。

为避免这些人"醒来"后因看不到亲人感到孤独，按照病人的遗嘱，科学家们对他们生前的宠物也做了相应的处理，这样做还有另一个目的：为了更加充分地收集实验数据。

奥尔科尔基金会是这项实验的组织者，目前，全世界有4000多名志愿者成为基金会的会员。会员们希望在他们生命最后一刻时被冷冻起来，在未来的某一天医学技术足够发达了，能使他们复活。然而，这是不是一个一厢情愿的想法呢？

这个想法因违背了自然法则，而遭到世界各国很多的专业研究人员的质疑。他们认为，在低温液态氮的冷冻下，志愿者躯体大部分细胞会破裂，可以预见这种修复工作相当困难，或者说根本不可能做到。不仅如此，大脑在这种环境下损伤会更严重，因为大脑在流血不畅情况下，局部只要缺血10分钟，脑细胞就会彻底被损坏，病人也将成

为永久的植物人。难道日后的复活工作就是先要治愈一个植物人吗？

然而，主持这项工作的奥尔科尔基金会负责人对这项"造福人类"的工作却是充满了自信，会员们甚至按照要求办好相关保险，为日后的手术费用提供了保障。

工作人员在医生确诊病人死亡之后就开始按程序处理"尸体"，他们先用冰水对"人"体进行降温处理，使躯体的温度保持在2℃左右，如此一来，就能达到防止躯体冻裂和防止细胞死亡的双重目的。第二步，做气管插入术，以便继续供给细胞氧气，同时把血管中的血液抽干，再通过静脉注入营养液和药物。最后，"尸体"的大腿动脉处要安装一个血泵，向体内灌输特殊的保鲜液，这种液体可以保证"尸体"不会损坏。当所有工作完成之后，"尸体"就会存放到基金会总部的冷藏罐里。

虽然志愿者同意被冷藏处理，但有些志愿者的家属们却很抵触，他们不能接受亲人的身躯存放在零下196℃的环境中，这有悖于常理；同时，伦理和法律对人体冷藏术也存在问题或漏洞，所以美国的伦理学界和法律界也在研究相关对策。

很多人对这项实验表现出极大的兴趣，而他们关注的无非是人体经过冷藏后能否真的复生，什么时候才能复生。相关人员指出，这项实验的关键技术是"控制基因"和"毫微工艺学"。

如今，脱氧核糖核酸的译码工作已经发展到较高水平，平均每天都会有一个新的基因被辨别。尽管离分辨基因的表达和复制还有一段距离，但是，按照现在的科技发展速度，迟早有一天会被人们完全

识别。

可是，事情并非我们想象的那么简单和顺利，系统学家就指出："控制基因"和"毫微工艺学"不能够解决宏观人体的复杂性，因为人体并不是细胞的简单堆积，其整体具有单个细胞不具备的功能。

人体死而复生的研究能不能达到期望的目的，现在没人能给出答案，科学家们是否能够克服生命进程中的一些难题也是值得我们怀疑的。一些社会学家也曾尖锐地指出，就算这个实验的结果是完美的，那么它也是有悖于自然规律、违反人道主义的，对社会发展是存在危害的。因为这些本已经死去的生命在未来某一天复活，他们就会占据更多的生存空间，并和新兴人类发生冲突，从而影响到人类的发展。因此，在种种可以预见和难以预见的难题下，那些尸体的命运还是一个未知数。

知识小链接

古代的帝王为了长生，永享荣华，可谓挖空心思，绞尽脑汁。秦始皇为了长生不老，倾国之力命徐福东渡扶桑，去"仙山"求长生之药。除了秦始皇还有汉武帝、拓跋珪、唐太宗、唐宪宗等，最具讽刺意味的是明嘉靖皇帝，为求长生常服丹药，原本健壮的他因中毒而亡。

Part5 第五章

人长寿的秘密

世界上每一个人肯定都希望自己能够长寿，随着世界医疗水平和科学技术的不断进步，长寿也不是遥不可及的事了。

人类究竟应该怎么做，才能够真正达到长寿的目的呢？科学家的研究结果表明，动物的寿命与其本身的生长期呈一定比例的关系。大多数动物的寿命期是生长期的5~7倍，由此可以推算出它的自然寿命。人的生长期是20~25年之间，那么人类的自然寿命应该是100~170岁之间。

还有科学家提出，一般的哺乳动物最高寿命是它性成熟期的8~10倍，如果以人类性成熟期为15岁计算，人类的自然寿命可长达110~150岁。

如果把生物技术应用到增加人类寿命上，那么人类的寿命可能会延长到几百岁。因为科学研究表明，人类的生老病死与基因有着密不可分的关系。

世界各地的科学家们早已着手做关于延长寿命的试验，他们参与了一系列的基因与寿命有关的研究。研究发现，通过改造基因，人类的生命真的可以延续，最令人欣慰的是，人类的生命不仅能够延长，而且人类在一百多岁时还能保持青春的模样。

　　经过不懈努力，科学家们已经发现了许多与人类寿命相关的基因，将这些基因改造后，在动物身上进行了试验，试验结果是值得肯定的。

　　2001 年，美国麻省理工学院的科学家们宣布了一条振奋人心的消息，他们对一种线虫进行了基因改造试验，改造之后，线虫的寿命被延长一半以上。

　　美国南伊利诺伊大学的科学家们也对艾姆斯氏鼠进行了延长生命的试验，他们发现适当进食是延长寿命的关键。当然，艾姆斯氏鼠本身就携带一种特殊的变异基因，因此它会比普通老鼠的寿命要长一点。

　　科学家将试验的老鼠分为两组，一组保持平日的进食量，另一组则是控制饮食，它们的投食量分阶段减少，直至降到正常水平的 70% 左右。

　　试验结果证实，进行人为控制饮食的艾姆斯氏鼠要比正常的艾姆斯氏鼠要长大概一半时间的寿命，如果换算成人类的寿命，大约可以延长至 150 多岁。

　　实验结果表明，荷尔蒙与人类寿命关系密切，它能调整人体的新陈代谢，这恰恰是影响寿命的主要因素。

而美国的研究人员通过研究还发现，多吃蔬菜和水果可以增强人体抗氧化能力，从而可以达到延缓衰老的目的。研究人员的一项最新研究数据表明，蔬菜的抗氧化能力要比茶强。果汁的抗氧化能力也比果肉强许多，因为果汁具有抑制游离基活动的能力。抗氧化能力最高的是紫提子，它的果汁抗氧化能力比其他大多数果汁要高出大概5倍，其次则是西柚汁、番茄汁、橙汁和苹果汁。

知识小链接

人们可以运用医学技术延缓衰老，但绝不可能实现长生不老。因为"新陈代谢"是自然界一切生物都遵循的生存法则，人体的细胞更是如此，不会无限制地分裂、增殖。随着细胞分裂次数的增加，人体各器官会逐渐衰老，渐渐失去其生理机能，直至死亡。

科学工作者指出，使人体细胞衰老的罪魁祸首是"游离基"，它能使人皱纹增多，记忆力衰退，同时还会影响人的免疫系统功能，白内障、心血管病，身体机能退化也都是因为它而导致的。

"游离基"是怎么产生的呢？科学家表示，造成人体内的游离基增多的原因有很多，但主要是工作压力、不良的饮食习惯和环境污染等原因造成，如果不注意，过量的"游离基"可以导致人得癌症。

根据以上实验，美国塔夫茨大学的研究人员提出他们的建议：为了延缓人体衰老，人们最好每天都尽量多食用一些具有抗氧化能力的食品。

Part5 第五章

孪生子产生同步信息的缘由

科学家们做过一项对孪生子的试验，他们将孪生子从小就分开来养，并且进行跟踪调查，当这两人几十年后再次相遇的时候会发现，这两个人受教育程度及兴趣爱好都有惊人的相似性。

接受试验的两个人都接受过法律教育，他们无一例外对木工制作以及机械制图非常感兴趣。更让人觉得惊讶的是，两人都结过两次婚，且他们两人第一任和第二任妻子的姓名都是一样的，儿子的名字也一样，他们还都有喜欢去佛罗里达州度假的爱好。

此外，很多科学家们也对很多多胞胎进行了问卷调查。其中有一个三胞胎的例子，他们刚刚出生就被分别送到了3个不同的地方，这3个家庭的文化程度和家庭背景都不尽相同。几十年以后，三人再次重逢，他们发现，虽然他们生活在不同的环境中，可是他们却有着许多相似的生活习惯。

中国的科学家们也对这种现象做了很多的调查研究，得到的结果也与上述调查有着一样的现象。那么，这些事例究竟是巧合还是有着不为人知的内在联系呢？

双胞胎之间真的有"心灵感应"吗？很多双胞胎声称，他们之间有心灵感应，科学家也做过多次试验，确认了部分双胞胎的确存在这种科学无法解释的现象。其实生命本来就有很多奥秘，人类所知的不过是很小的一部分，还有更多的未知之谜等待科学去揭开它神秘的面纱。

这种孪生子之间的相似现象在科学界被称作"同步信息"，在"同步信息"这一现象被发现后，各国科学界对这一神秘现象进行了更加深入的研究，并提出一些不同结论。

有一种观点认为，一些双胞胎或者多胞胎会患同一种疾病且症状相似，是受到受精卵分裂时间的影响。而且，在一个受精卵分裂成为两个相同的受精卵的时候，所用的时间越短，两者之间的相似度就会越大。

另外还有一种观点这样认为，人类能产生生物电，而孪生子之所以会产生"同步信息"的现象，恰恰是他们的生物电释放器和接收器同步"运行"的原因。也就是说，当一方的生物电发生作用的时候，另一方很快就会感受到，同时也释放出相同的生物电，这就造成孪生子在行为和思想上同步的现象。

虽然以上两个论述都有一定的合理性，它们可以在一定程度上解释孪生子同步信息的奥妙所在，但仔细分析后，两种说法都存在一些不够严谨的地方，所以，直到今天，对这种孪生子之间的神秘现象还没有一种公认的答案。或许，在未来科学水平更为发达的时候，我们才能真正揭开孪生子同步信息的奥秘。

■ Part5 第五章

血型的**奥秘**

其实人类的秘密真的很多，遗传物质、寿命、孪生子同步、血型，等等，每一个奥秘的探究都经历了相当长的一个过程。

血型被发现以前，无数的医学家们都试图揭开这个神秘领域中的奥秘，就像是在黑暗的隧道中苦苦摸索一样，全然没有方向感。尽管人们在研究血液奥秘方面出现过点点曙光，但人类探索血液的秘密依旧是经历了几百年的艰苦历程。

15 世纪，人类第一次进行了人体输血治疗，罗马教皇英诺圣特患病后的一次输血被认为是历史上最早的输血记录。那个时候，年迈昏庸的教皇已经病入膏肓，一个"名医"在替教皇诊病后蛊惑说，

❖ 兰斯坦纳 (Karl Landsteiner, 1868—1943)，研究人体血型分类、并发现 4 种主要血型。

如果想要治好教皇的病，就必须用孩子的血来诊治。看到一丝希望的教皇，下令捉来 3 个年龄只有十几岁的孩童，刽子手凶残地切开孩子们的血管，让鲜血流到一个器皿中，然后医生在器皿里添加了许多的名贵的药材，制成输血药剂，最后用针管将这些药剂输入教皇的体内。奇迹并没有出现。3 个孩

子因为失血过多失去了生命，希望重获新生的教皇也没等到他想看到的那一幕，在他输血后不久就感到胸闷气短，没多久就痛苦地死去。

这一次残暴的抽血、输血试验是人类历史上的第一次输血试验，造成受血者和供血者双亡的结果，这是一次失败的尝试。

后来，又有人异想天开地拿动物的血输入人体，想达到治病的目的，最后也以失败告终。可是，人们为了医学事业和人类的健康并没有停下探索的脚步。

英国一位妇产科医生布伦道的试验让人们第一次看到了希望。在一次狗与狗的输血试验中，他获得了成功，他的成功证明了同类动物间是可以互相输血的，从侧面也告诉人们，人与人之间也可以相互输血。

有了以上的经验，在1824年前后，布伦道先后对8个产后大失血的产妇进行了输血治疗，最后有5人获救，3人不幸去世。这个结果让布伦道不仅震惊而且很迷茫：在治疗程序一样的情况下，为何会出现两种结果？是什么原因让有的人输血后活过来，而有的人却因为输血痛苦地死去呢？他终其一生也没有找到答案。

解开这个答案的是德国的两个病理学家，潘弗克和兰多伊斯合作，经过了长达二十几年的不懈研究，终于在1875年发现了溶血现象。溶血现象是指不同人的血液放在一起的时候，有的能溶合在一起，有的却相互排斥溶不到一起。从这个实验中可以看出，能相溶在一

❖ 人体血脉图

起的血液, 其红细胞在溶解过程中会被破坏继而死亡。所以, 他们的结论就是在不产生溶血现象的人之间才能进行相互输血。

著名的血液研究专家兰斯坦纳于 1868 年 6 月 14 日出生在奥地利首都维也纳。1896 年兰斯坦纳进入维也纳卫生研究室工作, 次年, 兰斯坦纳转入病理解剖学研究所工作。在这个新领域, 他完成了一系列富有成效的伤寒病菌鉴定工作。此外, 兰斯坦纳对抗原、抗体、血型以及一些免疫因子也有一定的研究, 特别是他从化学中引入了血清学, 是对医学最大的贡献。

❖ 血液中的血小板

从 1900 年开始, 兰斯坦纳开始着手对人体血液进行了专门的研究。在研究中他发现红细胞会产生凝集反应, 当一个人的血液中的红细胞和另外一个人的血清结合时, 这些红细胞会紧密地凝聚在一起, 用力地振荡也不会分散。

凝集现象不仅会发生在在人类身上, 而且在动物身上也同样适用。后来医学界证实, 红细胞凝集是血清免疫发生作用的一种形式。造成这一现象的主要因素是凝集原的存在, 凝集原是蕴藏在红细胞表面的一种抗原性物质, 当红细胞遇到不同红细胞或血清时便会发生凝集作用。

知识小链接

在河南省濮阳市有一位"献血英模", 医生一个紧急电话, 他会立刻赶来献血, 随叫随到, 7 年内先后拯救了许多手术患者, 这是为什么呢? 原来他是一种极为罕见的 RH 阴性血型, 也被称为"熊猫血"。

兰斯坦纳在临床实践中, 选择不同的人采集他们的红细胞和血清进行了细致的交叉比较, 以观察这些红细胞的交叉反应。

实验结果发现, 在一些情况下红细胞会出现大小不一的凝集团, 而在另一些情况下, 凝集现象就不会发生。在这个实验的基础上, 兰斯坦纳还发现人类的红细胞中的凝集原不止一种, 他暂时将自己发现的两种不同的凝集原称作

A 和 B。兰斯坦纳在随后的深入研究中，对这些凝集原的成分进行了分析和确定，然后将发现的这些凝集原，用字母将它们分为四种基本类型，这就是我们现在熟知的血型：A 型、B 型、AB 型 和 O 型。

"ABO 型系统"的提出是医学史上的里程碑，人们在认识了血型之后，外科手术中的失血问题不再是一个难题。在手术中，失血过多患者只要输入和自己血型一致的他人血液就能挽回性命。所以说，兰斯坦纳为医疗事业做出了极不平凡的贡献。

因此，著名生物化学家巴纳德·狄克逊就曾指出："现在的每一个接受过输血或者是器官移植的人都应该感谢兰斯坦纳的这个发现。"

■ Part5 第五章

认识**胎儿生活**的世界

很多人或许会对人的出现感到好奇，婴儿出世前，在母体中究竟是怎么形成、怎样生活的？科学家们的研究给了我们答案。

现在有先进的科学仪器，通过超声扫描技术，我们可以直观地通过荧光屏看到胎儿的发育情况，这给科学家们研究胎儿在母体子宫里的活动情况提供了帮助。

母体在怀孕的时候，一般都会有妊娠反应，而且母体的子宫内也不是绝对安静的场所，很

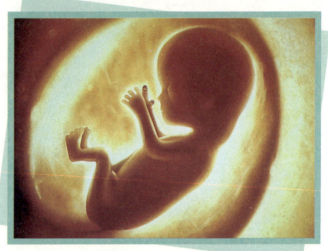

❖ 胎儿

多外界的声音会通过母亲的腹部皮肤传到子宫再进入胎儿的耳朵。不要以为胎儿没有听力，实际上他们在母亲体内就学会了聆听，在他们听到的声音中，相对来说最嘈杂的就是母体胃里发出的咕噜咕噜的声音，因为这些动静离他们最近。在母亲与外界交谈的时候，胎儿也会静静地听着。让人意外的是，胎儿也会判断他们所处的环境是否正常，他们的依据竟然是母亲的心脏搏动声是否规律。如果心脏的节律正常，那么胎儿就会认为所处的环境非常安逸。

胎儿的感官在母体内的最后几周中才能发育完成。在母体中，一片黑暗，视觉对胎儿并不重要。神奇的是，如果孕妇裸露腹部遇到明亮的光线，胎儿也能感

受到，他会睁开眼睛，转过脸去看明亮的地方。而且在我们播放一段悦耳的音乐时，胎儿也会循着音乐的方向转过脑袋，认真地用耳朵"欣赏"那美妙的声音。

出生以前，胎儿的所有生理活动都是为了出生后的生存打基础的。尽管在腹内，胎儿的呼吸系统还起不到作用，但他们体内的横膈也会像正常人那样进行呼吸运动；

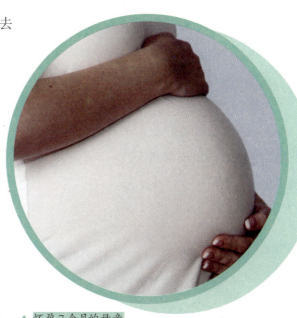
❖ 怀孕 7 个月的母亲

尽管胎儿的营养是由母体供给的，但他们也会学着张开嘴学习"进食"，只不过他们吞下的是一些羊水，如果吃得过饱，他们还会打嗝。胎儿成长到这个阶段的时候，母体已经能够感受到腹中胎儿那轻微但又有规律的心脏跳动。

或许你觉得难以相信，事实上胎儿在腹中就已经拥有了灵敏的味觉，并且会有选择地吃他喜欢的味道。比如羊水中的苦涩的味道浓一些，那么胎儿就不会喜欢，也很少去吮吸，甚至会皱眉头；如果羊水中糖分增加，胎儿的吮吸次数就会明显增多。

母体和胎儿是相连的，如果外界影响到母体的时候，胎儿也会跟着感到不安。比如母亲若不慎摔倒，子宫中的羊水可以保护胎儿免受伤害，但胎儿仍会被惊吓到，表现为躁动不安。

同样，如果母亲因为疼痛或紧张导致体内某些激素和肾上腺素分泌增加，胎儿的血液量

知识小链接

婴儿的性别是如何生成的？人类有 23 对染色体，其中有 22 对男女完全一样，只有一对不同：男性是 XY 染色体，女性是 XX 型。两对染色体配对重组时，若配成 XY 即为男婴，若为 XX 即为女婴。

第五章 人类奇妙的生命现象

119

也会随之减少，这时胎儿就会表现出不安的状态，他会张着嘴哭泣，由于子宫内没有空气，所以，我们是听不到胎儿的哭声的。过一阵子母亲如果平静下来了，她体内的激素分泌也回归正常水平，那么胎儿就会从躁动不安恢复到平静的状态。

　　用仪器直观地对胎儿在子宫内的发育情况进行观察是现代医学科技进步的结果，它的出现有利于进一步了解和研究胎儿的生长发育，并对优生起到了促进作用。

Part5 第五章

神秘的**磁铁人**

磁现象是自然界常见的物理现象，在人们熟悉了它的原理之后，将它应用于生活领域，发明出扬声器、电动机等产品。如果一个人身上有了磁力会怎么样？接下来就让我们认识一下这个神奇的人物。

尤里·凯尔涅塞是前苏联伏尔加城的一名普通工人，他是一个拥有磁力的特殊人。因为他是一名矿工，当人们知道他的情况后，反而引起了矿主的担忧，矿主担心他身上强大的磁力会损坏支架而导致矿井倒塌，为了排除这个"潜在危害和灾难"，矿主只好强硬地辞退了这位身强力壮的矿工。

尤里的特异功能并不是天生的，他是在十几年

磁铁人——凯尔涅塞

前偶然发现自己的超能力的，他说："刚开始的时候，这个磁力并不强，只有当我放东西的时候才会感到金属物质粘在我的手上，可是后来，这种情况就越来越严重了，我似乎很难将那些粘在我手上的东西扯下来，因此，好多次，我都被忽然飞过来的锅壶打在头上，甚至还有一次，一把小刀从厨房飞来，就那样硬生生地插在我的身上，想起来这简直就是一场噩梦。"

随着尤里年龄的增长，他身上的磁力也更强了，只要他身边1.5米以内出现小型金属物体，这些东西便会马上粘到他的身上，这些金属物体包括铁质的硬币、铁锅，还有一些金属物品，如锡罐、电子仪器等。

尤里离开了工作三十多年的矿井回到家，他感到孤独和苦恼，于是就开始了四处求医的生活。很快，磁人的消息就传遍各地并引起了科学家们的兴趣。俄罗斯高级研究员瑟

奇·费鲁明就把尤里请进自己的实验室进行了研究。他说："这种情况真的让人觉得相当惊奇，以前，我们也曾经听说过这种情况，但是，却从来都没有见过这样的强磁力的人，虽然尤里的身体看上去很好，但是，从这些磁力来看，我觉得，他肯定是有什么毛病的。"

基于这位研究者的话，很多著名医生都对尤里进行了各种体检和化验，可是各种检查结果都表明尤里和正常人无异，且身体健康，所以他们也一时找不到尤里产生磁力的真正原因。

最后医生推断说："或许这种强磁跟尤里这几十年在高磁力的铁矿上工作有关。"

显然这种推断不够严谨并缺乏合理性，因为与尤里一样在这个铁矿工作几十年的矿工大有人在，为什么那些人却一切正常，身上没带一点磁力？这也就是说，尤里体内一定蕴藏着和一般人不同的特殊因素才使得身体产生如此强大的磁力。

可怜的尤里失去了心爱的工作，不仅如此，他还得老老实实地"躲"在家里，家里的日常用品都是非金属制品，并且所有金属物品都被清理干净，这样对他来说才是安全的避风港。若是他踏出家门一步，他不敢想象会遇到什么横祸。

尤里急切地盼望着有一个能治疗他这种怪病的专家出现，能把他身上的磁力消除，这样他就能回归正常的生活。但是，尤里身上这种强大的磁力究竟是怎么来的，怎样才能把这种磁力从尤里身上抹去，至今仍是困扰科学家的不解之谜。

Part5 第五章

第三眼的奥秘

二郎神的故事大家都不陌生，人们对他印象最深的就是他的长相，因为他的眉正中还长有第三只眼，而就是这第三只眼给了二郎神无比的神力。

然而，神话终究是故事，现实中是不会出现二郎神这样的人物的。但是，或许你不会相信也不敢相信，其实第三只眼真真切切长在我们人类身上。

希腊古生物学家奥尔维茨有一次在对一个大型穿山甲头骨进行研究时，惊奇地发现穿山甲头骨两眼孔上方还有一个小孔，它与下面的眼孔形成一个品字形，这个现象马上引起他的注意。经过了反复的观察研究，他推断这个小孔应该是已经退化了的眼眶。

❖ 第三眼之星漫画

这一发现，让整个生物界为之一惊，从此，世界各国的很多生物学都加入了研究动物第三只眼的课题。很多的研究结果也表明，两栖类、爬行类、鱼类、哺乳类、鸟类以及人类都是有着第三只眼睛的。

人类一般都不知道自己有第三只眼，因为人们也从来没有见过这第三只眼，原因很简单，因为第三只眼离开它原来的位置——脸部表面，而是转移到一个更加隐蔽的地方——大脑丘脑部。另外，它还有一个全新的名字：松果腺体。

人类的第三只眼已经进化成一个独一无二的腺体，之所以说它特别，是因为除了松果腺体植物，在其他生物身上找不到这种有着星形细胞的腺体。

星形细胞是一种特殊的细胞，在大脑半球中星形细胞的含量是非常丰富的，它作为神经细胞，会和腺体紧密地地缠绕在一起。

科学家证实，人类第三只眼的功能已经和我们正常的眼睛不一致了，但是，它们却依旧有着某些联系。首先松果腺体对太阳光非常敏感，神经纤维把松果腺体和眼睛联系在一起。在阳光非常强烈的情况下，松果腺体的功能会受到抑制，这时，松果激素分泌量就会随之较少；相反，如果遇到了阴雨天，松果激素的分泌量就会增多。

另外，科学家们在对不同年龄阶段的人研究时，发现第三只眼的组织结构中有大量矿物质，像镁、钙、铁、磷等，它们都以晶状颗粒的形式存在，科学家们称之为"脑砂"。但奇怪的是刚刚出生的婴儿体内却没有"脑砂"。而且，这种矿物质在儿童时期也很少出现，只有长到 15 岁之后，脑砂的数量才会随着年龄增长而增加。

奇怪的"脑砂"究竟起到什么作用，它从哪里来？科学家还需要进一步地去寻找答案。

知识小链接

对于脑后这颗神秘的松果腺体，著名哲学家、数学家、现代解析几何的创始人笛卡尔认为："这里是人类灵魂栖息之所。"现代医学研究表明，松果腺体对人的睡眠、心情、新陈代谢等有重要影响。

❖ 国画——二郎神巡山图卷

Part5 第五章

人体**放电**的奥秘

电是我们日常生活中必不可少的能源之一，它不像煤、油会产生有害物质，电是一种清洁能源，我们家中的生活电器都离不开它。

电有着巨大的能量，能够驱动许多电器工作，有人可能会幻想，人如果能发电该多好。

但是，如果人体真的能发电，也未必是一件好事。这个世界无奇不有，下面我们来了解一下这位会发电的人和发生在他身上的故事。

有一个住在意大利普通村庄叫斯毕诺的 16 岁小伙子，就是一个带电

❖ 卷静电试验

的人。他的特异功能最早还是他的叔父发现的。1983 年 8 月，他的叔父开始注意到，斯毕诺每次来他们家，家里的家用电器就会莫名其妙地出现各种故障，而且，他接触过的棉织品有时也会不知缘由地着火，更可怕的是油漆罐也会无缘无故地着火爆炸。

无独有偶，在英国的贾姬·普利斯曼夫人也是一个带电的怪人。身为电气技师的丈夫发现，贾姬接触过的电器经常出现各种各样的故障。他们共同生活这么多年来，已经坏掉 9 台除草机、24 台吸尘器、19 个电饭煲、5 块手表、12 台吹风机和 3 台洗衣机……

对于这些奇怪的人，科学家们也想尽早破解其中的奥秘。在生物界，电

除了以上几位奇人，普通人也会"放电"，如干燥的冬季，手碰到铁制品时会有过电的感觉，人与人接触时也有此感。原来冬天穿着毛衣毛裤很容易产生电荷，当与铁器或他人接触时，有一个放电的过程，瞬间产生刺痛感。

鳗是一个发电高手，但它们又不会伤害到自身，于是科学家就从电鳗身上找到了灵感。首先做人体发电试验的是在纽约州的一所监狱里，监狱的医师挑选了被判死刑的囚犯做试验。医师给试验者体内注射了一种"肉毒菌"让其暂时染病。从实验仪器上可以探知，试验者身上出现大量静电，这一现象随着病人健康的恢复而消失。

通过这个试验科学家得知，人体生理机能失衡是造成人体发电的主要原因。

韦恩·R·柯尔博士也做过一项试验，利用冥想使肌肉产生静电，试验很成功。所以韦恩·R·柯尔博士得出结论：3 立方米的人类肌肉细胞能产生 40 万伏特的电流。我们每个人自身都带有发电的潜能。

如果柯尔博士的想法在每个人身上都能成为现实，那么人类就有用之不尽的能源了，人们在空余的时候只要冥想发电，然后把电储存起来，那真正意义上的电气时代就真的来临了。

❖ 3 立方米的人类肌肉细胞能产生 40 万伏特的电流

■ Part5 第五章

何为"生物钟"

钟表意味着时间的精确，每到一个时辰我们都有相应的事情做，在生物界也有很多精确的规律，比如清晨鸡啼鸟鸣，夜晚万物入眠等。

人类活动也是一样，我们会在每天特定的时刻醒来，也许在刚开始你需要闹钟来提醒自己"在这个时间叫醒我"，但是过了一些日子，你可能就会摆脱闹钟，因为到了这个时段你自然就会醒来，虽然不至于像钟表那样精确到几点几分，但是前后相差时间并不会太多。

这个现象说明了人类自身存在一定的生命节律，它和钟表整点运行机制相似，但它完全是自行运转的，不像钟表需要外部条件，在这种节律指挥下，人们从事着有序的生理活动，这就是生物钟现象。但是，人体的生命节律是怎么产生的，控制节律的生物钟又靠什么指挥的呢？

有人在达尔文进化论的基础上，提出了进化学说，这种学说所持的观点是：人类为了生存的需要，只有在行为、生理上适应了环境的节律，才能更好地适应环境，得以生存下去。

人类经过长期的进化，体内的基因经过一代又一代的遗传，前辈的生活习惯就通过基因传递给后代，后辈们又通过适应环境来修正生物钟，以便更好地生活。

知识小链接

伴随生物钟产生的还有时差现象：从纽约飞到北京的乘客刚下飞机时，虽然外面阳光明媚，但所有人都昏昏欲睡，没有精神。这是因为时差的缘故，北京上午时，纽约是深夜，乘客的生物钟提醒大脑，此时应该是休眠时间，所以会出现精力不振的现象。

但也有学者提出不同的意见，他们认为人体的生命节律是受外部影响的，他们站在宇宙的高度，提出生命节律是受宇宙信息控制的。人类其实被各种各样的宇宙信息包围着，如地磁变化、月球引力、电场变化以及光的变化，人体其实对这些外因都很敏感，这些看不见的外部力量能够引发人类生命节律的周期性。

日本科学家在人体生物钟领域也有新发现，他们得出人类的生物钟与时钟不同步的结论。他们的研究表明人类生物钟的周期是 24 小时 18 分钟，换句话说就是人类生物钟要比时钟慢一段时间。

如果真是这样，人体生物钟每天都要慢一段时间，那么长期积累下来，生物钟势必会比时钟慢很多，那样人类的生活规律不就乱了吗？可是为什么我们的生活规律并没出现混乱呢？

研究人员作出了解释，是光线发挥了调节作用。由于光线能直接影响体温和体内激素水平，这就等于人体每天都会校对生物钟，所以我们担心的问题不会发生。这个解释相对来说是比较合理的。

人体的生物钟在什么位置呢？哈佛大学的神经生物学家找出了它所处的位置，它在大脑后侧，由特殊的细胞所构成。

Part5 第五章

人类为什么要**经历衰老**

　我们都知道，生、老、病、死是人类必须面对的几个人生阶段，人和动物为什么会衰老呢？世界各国的科学家们都在寻找着答案。

目前，科学家们已经初步发现导致人类衰老的原因。人体衰老首先是细胞衰老的过程，而让细胞衰老的原因就是 P16 基因在作怪，P16 基因又叫 MTS(multiple tumor suppressor 1) 基因，P16 的作用就是控制人体细胞衰老遗传程序。

在医学上，人的衰老分为程序性衰老和非程序性衰老。程序性衰老是指由遗传基因的原因导致的衰老。遗传基因作为生物信息的源泉，它像程序一样控制着一个人的生长、发育、成熟，包括衰老和死亡。研究表明：在基因程序中，人的寿命应该有 125 岁左右。但我们在现实生活中看到的情况是，大部分人的寿命只有 80 岁左右。为什么两者之间会有这么大差距呢？这就涉及到另外一个概念：非程序性衰老。由于环境、营养和疾病等原因，人体的老化速度加快，缩短了基因程序的进程而提前进入衰老，这就是非程序性衰老，也是医学界重点研究的对象。大量科学研究表明，人体非程序性衰老与血液微循环下降有直接关系。中国的《素问·五脏生成论》中记载："眼受血而能视，足受血而能步，掌受血而能握，指受血而能摄"，说明器官只有得到健康的血液供应才能发挥正常的功能。微循环是指直接参与组织、细胞物质能量交换和

信息传递的血液、淋巴液在人体毛细血管和微淋巴管中的体液循环。它涵盖了生命活动的基本功能。

那么，微循环下降为什么会引起衰老呢？因为我们的血液有两个重要作用：一是供应氧气营养，二是代谢废气、废物。在血液中，红细胞扮演着最为主要的角色。据测定，每毫升血液中就有大约450万～500万个红细胞。

科学家通过大量计算机显微血象检测发现：大多数青少年人的血红细胞都是圆润饱满、中间透亮、分散活跃的；而大多数中老年人的红细胞往往干瘪灰暗、结团成串、变异畸形，呈现出脱水衰老的状况。研究表明，人体毛细血管的直径通常只有3.5微米，而正常红细胞的直径为7.2微米，比毛细血管直径大一倍的红细胞要想顺利流过毛细血管，就必须圆润饱满、分散活跃、中间透亮，具有很好的变形能力。反之，变异畸形、干瘪灰暗、缺乏活力、黏连在一起的红细胞很难流到人体组织器官的毛细血管和末端部位，从而造成微循环下降，一方面导致氧气和营养成分供应不足，另一方面又会导致体

知识小链接
核辐射对生物危害非常严重，会使染色体复制的细胞发生异变，生物体内会无限制、无阻碍地复制出大量的变异细胞，使生物失去原来的特性，最终死亡。科学家的研究证明，极少有变异的生物生存下来，并繁育后代。

内废物和毒素、杂质无法正常排解，进而导致人体组织和器官种种衰老和病变现象的产生。

研究人员同时指出，生物衰老是从细胞衰老开始的，这也是所有动物的共同特性。现在生物学家们有一个普遍的共识：所有有关生物学的问题都能细化到细胞并找到答案。换言之，人类完全可以利用基因重组技术来影响细胞并达到延长寿命的目的。

2001年8月，美国科学工作者进一步将决定人类寿命的基因精确到第四号染色体上，这是人类生命科学中的重要进步。

人体**自燃**的谜团

火给我们人类提供了很多便利，它可以给我们照明取暖，可以给我们热食。但是如果人体自身着火那就是一件非常可怕的事情。

在1950 年的一天，英国伦敦有一对普通的青年男女在散步，他们一边走一边说笑。突然，一件不可思议的事情发生了，就见女青年的躯体突然之间喷发出凶猛的火焰，顷刻间，女青年就被大火烧死了，与她同行的男青年目睹了一切，却无能为力。

1951 年 7 月的一天，美国佛罗里达州圣彼得堡发生的一件怪事成为当天最大的新闻。一位老妇人坐在轮椅上正在闭目养神，不知何因全身着火，燃烧过后，她只剩下几根骨头。她身上的饰品也在熊熊大火中被烧得变了形。

这种奇怪的事情并没有结束。1966 年 12 月的一天，美国宾夕法尼亚州波特城的一位老人在自己家中突然自燃着火，当时他坐在一辆推车上，事发后，老人只留下半条腿完好无损，其他躯干则化为灰烬。奇怪的是，老人当时坐着的胶垫却完好无损。

通过上面的 3 个例子，我们发现人体在自燃过程中，火焰一般不会烧毁周围的物体，不管它是不是易燃物。但按一般的常识，能将人体化为灰烬必须有很高的温度，那为什么身体周围的易燃物不会着火？人体自燃的背后又

有着什么惊人的秘密呢？

人体自燃并不是新鲜事物，人体自燃的现象在历史上就曾多次出现。明末清初，一个叫周亮工的学者在所著的《书影》里就有一则人体自燃的记载："曲周陈公令桐，言其邑富翁子妇，自父家还，明日偕卧不复起，家人呼之不应，抉户而入，烟扑鼻如硫黄，就窗视之，衾半焦，火烁之有孔。二体俱焚，唯一足在。火之焚人，理殊不可解。"

可是，究竟是什么力量促使人体自燃的呢？科学家们有着不同的见解。

有的科学家认为，人体自燃和磷有关，因为人体内含有磷，当含磷量高到一定程度时，身上就会产生一种"发光的火焰"，这种火焰真实温度并不高，但达到一定浓度的时候，便形成燃烧的火焰。

有的科学家认为人体内高浓度的可燃脂肪才是罪魁祸首。可燃性脂肪在一般人体内含量并不高，但如果一个人的身体积累了大量的可燃性脂肪，待外部条件符合要求时，人体就会自己燃烧起来。

也有科学家认为人体自燃现象是受外部环境作用引起的，他们指的外部作用是"电流体"，当人体的可烧物质遇到电流体时就会发生自燃现象。

更有科学家提出"燃粒子"的概念，说是这种粒子导致了人体的自燃，而且他们还声称"燃粒子"比原子还要小。

上述种种推断只是科学家们的假设，在没有确切证据前，还没有谁能解释人体自燃究竟是什么原因造成的。

知识小链接

詹姆斯·兰迪，美国著名的魔术师、心理学家和作家，也是一位揭露伪科学的斗士。他成立了一个"超自然现象科学调查委员会"，该组织不追求营利，目的旨在用科学来验证超自然现象，向其他研究者提供各类信息资源。该委员会起初悬赏100万美元，征集有特异功能的人，但截至目前，仍未有人领走该笔赏金。

Part5 第五章

为什么人埋不死

我们中国人信奉"入土为安"，即在人死后要埋在土里，有落叶归根的意思。如果活人埋在土里会出现什么情况呢？

经科学证明，一个人在不吃不喝的情况下，可以勉强维持一周的生命。但是，如果没有氧气，这个人的生命却撑不过10分钟。

可是，凡事都有例外，在印度就有这么几个人，他们像是拥有特异功能一样，在不吃不喝的前提下，把他们放入水中或埋入土里，他们能维持几十天的生命。这种有悖于生命科学的怪事引起了科学家和生物学家的好奇。

巴罗多·巴柏是印度一所大学的教授，他从十几年前就开始修炼瑜伽，随着修炼的深入，他现在已经拥有了不休不眠、不呼吸、不饮食的能力，听上去多么不可思议。

刚开始修炼这种绝技时，他采用了循序渐进的办法，他先是将自己困在箱子里1天、2天，然后增加到3天、4天……最后已经能达到32天不呼吸的效果。在这一个多月里，巴罗多教授被一直关在箱子里，还埋在深3米的地下，箱子里有维持生命的水和食物，却与氧气隔绝了。

这位教授就这样一直在箱子里双目紧闭保持着打坐的姿势，1个月后才重见天日。

更让人吃惊的是他于 1986 年 2 月在西萨市的一场表演。这次他不是被埋于地下，而是坐进一个装满水的铁箱子里，在众多观众和各国媒体的注视下，工作人员把箱子盖牢牢地盖住。巴罗多这次在水中打坐一个星期，当巴罗多从装满水的铁箱中走出来时，看上去和进入时并没什么两样。

同样在印度，还有一位七十多岁的老人那非特·米沙。他创造了潜入 18 米深的湖底，并打坐 144 个小时的纪录，当时有 400 多个观众观看了这一表演。米沙接受采访时说，是印度女神给了他非凡的力量，所以他才能做到常人做不到的事情。然而，科学是严肃的，科学不相信神的力量，但是，米沙在水底打坐 6 天却是一个不争的事实，常人是做不到的。所以，专家们推测，这可能跟米沙长期练习瑜伽打坐有关。可是，让科学家们至今不解的是，瑜伽术有什么力量使他们产生特异功能？

如果上面两个例子你认为神奇的话，下面还有一个例子你可能都不会相信了。同样是在印度，有一位被当地人称为"圣僧"的人——巴巴星·维达殊，1977 年，巴巴星·维达殊做出一个惊人之举，他命令自己的信徒将自己活埋在地下，他的举动无异于自杀行为，所以成为当时的特大新闻，轰动了全世界。更为轰动的还在后面，时隔 20 年后，也就是 1997 年，受他之前的嘱托，信徒们将巴巴星从地下挖了出来。在场的人无不震惊，因为巴巴星被埋了 20 年竟活得好好的，不但如此，他还保留了 20 年前的模样，岁月没有在他身上留下印迹。

丹云戴·尼比西也博士参与了此次挖掘，当他亲眼看到这一幕时不无惊叹地说："这真的是一件让人无法想象的神奇事情。"

而圣僧的一位忠实信徒对记者说道："圣僧的这一次复活，显然表明了人类确实是具有某一种神奇的力量的。"

是的，人类具有神奇的力量，而这正是科学家、生物学家孜孜以求地寻找的目标……

知识小链接

据印度高僧介绍，最古老的印度瑜伽需要坚持不懈、持之以恒地练习十几年，并非所有人都能达到最高层次，还需要修炼者本人的慧根和灵性。据悉，在千年时间里，能达到文中所提到的那种境界者不超过 10 人，近 300 年来，只有巴巴星一人能做到。

Part5 第五章

体验死亡

人不可避免地要经历死亡，究竟将死之人在想什么，是否存在恐惧，是否存在懊悔？他们会不会像电视上演的那样，一个个过往的片段浮现在脑海中？

死亡，究竟是一番怎样的体验呢？很多人都习惯性地将死亡与"痛苦"联系在一起，还有的人这样认为，只有那些伟人、英雄才能够坦然地面对死亡，平静地看待死亡，而一般的人，或许对于死亡只有恐惧和难以表达的痛楚。这样的观点究竟对不对呢？科学家们对此进行了深入的研究。

20 世纪 70 年代，西方的研究者们从哲学、宗教学、医学、文学、心理学等多学科来研究人类死亡经历，并催生了一个热门新学科的诞生——"死亡学"。通过研究人员的深入研究发现，这些研究者们的研究结果与传统的死亡描述有着巨大的差异。

莫杰写过一本描写死亡的著作叫《生后之生》，在书中他通过 150 件死亡事件剖析了人类死亡的经历，书里说："人在临床的死亡中，很清楚地知道了所发生的一切，他们跟体外存在着感知相关联的临死前的梦幻体验。"

莫杰将人的死亡经历分几个重要阶段

首先，人的肌体生理功能全部停止运转，或许在这个阶段，还能听见医生或家属的喊话，在确诊死亡的原因；身边传出不愉快的嘈杂的声音，并以一种飞快的速度在类似于隧道的地方飞驰，飞到尽头能看见光明，或者是发光物体；最后，在某一个时刻发生了感知界限，死亡的人会产生不愿回归到躯体的意志。

美国精神病学家凯·林戈通过对102个死而复生的人进行研究，做出了对莫杰上述研究结果的补充。在这102个例子中，有26%的人能够完全回忆起他们曾经看到过的场景，他们分别看到井、隧道、水闸、坟墓或者是口袋等事物；有37%的人感觉自己在自己的躯体上飞翔、徘徊；有16%的人陶醉于迷人的光芒里，而8%的人甚至遇到了自己已经逝去的亲人。

凯·林戈认为，走向死亡的人，不管他是哪个国籍、是否有着宗教信仰，他们的死亡体验除了细节稍有差别，大致内容是相似的。

为什么不同的人他们的死亡体验会在大体上相似呢？难道真有什么人类不知道的力量在操控着一切吗？医学家们认为，人在临床死亡时候大脑会停止供氧，所以他们死后看到的是脑死补偿性幻觉。

心理学家拉·沃特逊提出了更为惊人的理论：人的"死亡体验"其实是对"出生体验"的一种回忆，人在出生那一刻和人死亡时的幻觉是相似的，人出生时要经过10厘米的分娩通道，这是一次可怕而危险的旅行，或许我们永远不了解当时婴儿的感想，在忍受分娩的痛苦后，遇到光明和通道等人生第一次经历。人在死亡的时候会出现一个类似于分娩过程的幻觉，这是通过幻觉进行最后的一次人生回忆。

生命科学的专家们则提出一个新的见解，他们认为人类由三层身体结构组成，第一层是骨骼、肌肉、器官组成的外部肉体；第二层是隐形结构，他们将其称之为乙醚实体；第三层是精神的本质。三层身体分工不同本质不同。"死亡体验"的过程是先从第一层身体——肉体中脱离，暂时生存在第二层——乙醚中，然后精神消亡，离开世间极限，真正死亡。

但是，"死亡体验"是活人口中的经历，现在的科学难题是无法对真正死亡的人进行研究，所以人类死亡后到底要经历一个怎样的过程，还是一个未解之谜。

知识小链接
　　一位曾经重度昏迷，后经抢救复活过来的人回忆，他当时已经感觉死亡降临，迷糊中能听到现场医生的谈话和亲属的哭泣。尽管身体无法动弹，但意识与听觉非常清楚，甚至听到医生准备拆掉器械，放弃救治的指令。

Part5 第五章

肢体能否再生

> 我们在很多的科幻小说中，都曾看到过作者们天马行空的想象，其中就有对于人体肢体再生的描述。即一个人的某一部分的肢体在意外中丧失了，而不久之后，又会奇迹般地重新长出和原来肢体一样功能和形状大小的肢体。人类能否实现这种神奇的功能呢？

在这些幻想的启发下，很多科学家开始研究人类是否可以拥有肢体再生功能，这样病人就可以脱离人造肢体或器官移植带来的痛苦了。

最先进入科学家视野的是低等动物，这些低等动物虽然没有高等动物灵活和聪明，但它们却有肢体再生能力。神奇的是，它们肢体的再生生理机制和胚胎发育期形成肢体过程是一样的。人类为什么不能和低等动物一样具有肢体再生功能呢？因为人类在不断的进化过程中，胚胎基因早已不具有肢体再生的能力了。

但是，美国加利福尼亚大学的科学家却仿佛找到一丝希望，因为人体的某些组织还是具有再生能力的，比如指甲、骨骼、毛发等，而且人类在儿童时期，如果手指尖损坏也具有再生能力。

然而肢体再生却要困难得多，虽然人体某些组织被切除一部分后，还能长成原来的样子，但这不是真正意义上的再生。

生物科学的专家指出，

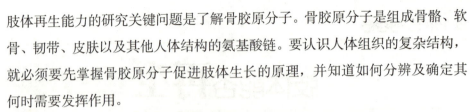

肢体再生能力的研究关键问题是了解骨胶原分子。骨胶原分子是组成骨骼、软骨、韧带、皮肤以及其他人体结构的氨基酸链。要认识人体组织的复杂结构，就必须要先掌握骨胶原分子促进肢体生长的原理，并知道如何分辨及确定其何时需要发挥作用。

随着研究的深入，科学家们发现骨胶原分子链不同的部分针对的是不同的人体肢体生理结构，那么，究竟哪些因素会影响到骨胶原分子呢？

科学家们通过一次青蛙试验找出了答案。他们先是切除了青蛙一条腿，然后使用电场刺激它，结果这只青蛙就又长出了一条和原来一模一样的腿。这个试验让我们知道骨胶原分子很有可能在电场的作用下形成一种高级的组织顺序，并刺激产生胚胎发育期储存的遗传信息。

人们如果能找到存在于胚胎中的遗传信息物质，理论上人体肢体再生就能实现，那将会给许多失去肢体的人带来福音。

■ Part5 第五章

记忆是什么

> 人的记忆有时候也是很奇怪的事情，有的人总记不住别人的名字，而有的人却有着过目不忘的本事，究竟人的记忆在脑中的生理机制是怎样的呢？有什么办法能够提高人的记忆力吗？

也许绝大多数人认为，记忆是看不见摸不着的东西。可是，日本国立冈崎大学的河西春郎和松崎政纪两个科学家却打破了我们原有的观念，他们最新的研究结果表明，记忆是有形态的，它存在于大脑神经细胞表面一种微小的刺上。

像树状结构的神经细胞就是构成这些小刺的基本单位，而且它们的形状和大小各不相同。科学家们正在努力研究，试图找到它们的作用机制。

研究发现，每个人的学习程度、年龄、性别、健康不同，这些刺的形状和密度也会不同。学习程度越高，这些刺的密度形状就越大，老年人比年轻人的刺要少，男女之间的刺也是有差别的，痴呆症患者和癫痫病患者的刺与正常人的刺更是不同。

突触指的是那些刺连接在另一个神经细胞上的接连点，从一个神经细胞末梢释放出来的谷氨酸通过突触传导给另一个细胞刺上的谷氨酸受体，这时就会形成神奇的生物电信号，这些突触结合紧密强度决定了谷氨酸传递的灵敏度，也就是说，结合得越紧密，记忆和学习能力就会越好。

因为这些刺都是非常微小的，所以这给人们的观察带来一定的难度。

河西和松崎运用了超短脉冲激光刺激的办法，使神经末梢局部释放谷氨酸，通过这种微波的刺激来测定这些刺对谷氨酸的感知灵敏度。通过试验可知，刺的大小和形状决定了其感知谷氨酸的灵敏度，越是细长而微弱的刺，对谷氨酸的感知就越微小，反之，越是那些膨大的刺，对谷氨酸的感知就越灵敏。

希望有那么一天，大脑上的刺可以通过人工干预被改变，从而改善记忆。

知识小链接

人类"上知宇宙九重天，下知地下两万米"，但独独对自己的大脑所知有限，有些甚至一无所知。对此，美国总统奥巴马于2013年4月启动了"大脑计划"，旨在揭开人类大脑诸多未解之谜，希望找出治疗各种精神病、中风后遗症和老年痴呆症等疾病的办法。该项目共投入研究资金1.5亿美元，是最值得期待的科学研究计划。

Part5 第五章

眼泪的学问

AOMIN ... ESU

我们都听过著名歌手刘德华的《男人哭吧不是罪》这首歌，但是，人们对哭泣有不同的看法。

很多情况下，我们都要求男人不能轻易掉眼泪；相反地，很多人都在安慰女孩子难过的时候要学会释放，会劝慰她说："哭出来吧，哭出来就好了。"总而言之，世人用"男儿有泪不轻弹"约束男人，用"梨花带雨"来形容女子哭时的美感，更用"鳄鱼的眼泪"来形容强者流泪的虚伪。在这里，我们不讨论鳄鱼有没有被冤枉，先来说说男人流泪是好还是不好。

生理学家指出，不管是女人还是男人，流泪分三种情况：第一种是起保护作用，这时的眼泪滋润眼睛起到保护眼角膜的作用；第二种是情绪性作用，这是由于外界环境影响，由于心情的悲伤或者欢乐引起的流泪；第三种是反射性流泪，同样是由于外部环境，比如烟雾或者粉尘的刺激而流泪。

由此可见，男人和女人一样拥有哭泣的理由，但是因为男性和女性身体中含有的荷尔蒙数量不同，造成女性比男性更容易哭泣流泪，可这并不代表女人感情脆弱。

医学证明，人如果在过度悲伤的时候抑制不哭，就相当于慢性自杀，这对于人的健康是极其不利的。因为很多事例表明，很多到精神病医院看病的男性精神分裂症患者和溃疡病患者都有过强忍不哭的历史。专家指出，很多患者的病症之所以会变得严重，以致很难治愈，就是因为这些患者无法从眼泪中得到精神的缓解。所以医生建议，对病人最好的治疗其实是该哭的时候痛痛快快哭出来，这对恢复健康能起到积极的帮助。

美国科学家费雷通过研究发现，人们在哭泣时，从眼中流出的不仅是泪水，体内因为紧

知识小链接

除了人会流泪，很多动物也会流泪，比如牛、马等牲畜在被牵进屠宰场时，声音低沉，步履维艰，眼里会流出大量泪水，那是它们预感到生命将止，流露着对生的渴望。两栖动物没有汗腺，它们眼里流出的不是眼泪，而是汗液。

张而产生的有害化学物质也会随之排出体外，所以从精神层面来讲，流泪能起到缓解悲伤的作用，而且跟踪数据也表明，长期不流泪的人患病率比爱流泪的人高两倍。

由此可见，流泪不仅可以发泄压抑的情感，缓解紧张情绪，还能治疗我们身体上的伤痛。所以，如果你想哭，不要犹豫，放声哭吧，哭过之后，或许一切就好了。

Part5 第五章

婴儿的**睡眠**

我们常形容一个人睡眠好得跟婴儿似的，婴儿困时想睡就睡，我们成人就要困难得多，婴儿睡觉又有什么奥秘呢？

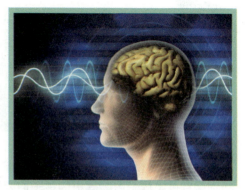

芬兰的科学家给我们一个吃惊的答案，他们研究发现，婴儿睡眠状态不像我们成人，他们在睡眠时还可以进行学习。在睡眠时，就算只有两三天大的婴儿们也能区别出发音相似的原音了。

为了研究婴儿的睡眠，研究人员在已经处于深度睡眠下的婴儿头部连接上先进的探测设备，并在婴儿的耳边连续播放两个不同的原音，通过监视器可以清楚地观察到婴儿脑电波的变化。有两组婴儿接受了试验，他们分别收听了1小时和5小时的声音信号。研究结果表明，收听过5小时声音信号的婴儿，他们的脑电波与第一组婴儿的脑电波表现不同，所以他们得出了婴儿在睡眠时也会学习的结论。但是，为什么婴儿具有在睡眠时学习的能力呢？专家推测可能是由于婴儿的睡眠比成人活跃，大脑的工作方式也异于成年人造成的。

比利时的神经学家皮埃尔·马凯也做过类似的研究。他指出，婴儿在睡眠状态下学习的东西会比他清醒的时候要多，其原因是婴儿睡眠时大脑也

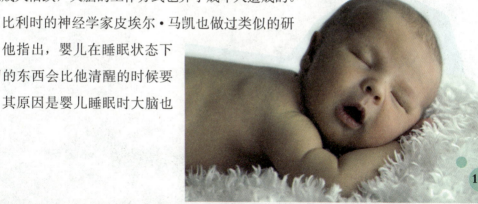

会处理新学的东西，因为婴儿脑部的神经组织在睡眠时依然发挥着作用。

美国著名的神经学家马修·威尔逊在一次试验中发现，睡觉时能学习东西不是只有人类的婴儿能做到，老鼠也具有这种本领。

他们的试验是先将微小的电极插入老鼠的脑中负责学习和记忆的组织，然后训练这几个老鼠在环形跑道上兜圈。通过仪器可以看出，这几只老鼠的神经细胞活跃程度是不同的。而将这些老鼠催眠后发现，这几只老鼠在睡眠中，它们的神经细胞也在活动，尽管它们的活动节奏并不相同，但是，神经细胞的活动与它们睡前在圆形跑道上的经历有关联。

知识小链接

科学研究认为刚出生的婴儿心智和思想还没有成熟，脑电波也很安静，由此认为宝宝们不会做梦。但有反对者认为，婴儿睡觉时会偶尔露出微笑，显然是梦到了喜悦之事。老人们也相信宝宝会做梦，梦到的内容是在母亲肚子里的事。

通过这个试验可以充分说明老鼠睡后会梦到它们白天的活动情况，它们白天的活动到睡梦中就如同录像一样被重放。

基于以上发现，科学家们对年轻父母们提出一个建议——尽量别让婴儿在过于安静的环境中睡觉，特别是有过家族学习障碍史的孩子们要更加注意。利用婴儿睡眠学习的机会，可以促进大脑的发育，减少日后孩子在学习中遇到的障碍。

第六章
自然生命之谜

　　大千世界无奇不有，巨象在地下埋藏几百万年之后仍新鲜如初，动物也会懂得报仇，动物的习性和自然有怎样的关系，植物的一些特殊习性是我们想象中的那样吗？下面我们走进自然，去领略一下它们的独特本领。

Part6 第六章

巨象肉鲜之谜

1979 年，在位于西伯利亚的毕莱苏伏加河畔出现了一件怪事，这里的冻土层里发现了一头半跪半立的古代长毛象，如果说发现远古生命是一件奇事的话，那么更奇怪的事还在后头，因为这头长毛象是被冻在土层里的，所以它的肉不仅新鲜味美，而且在它的毛里还藏着鲜花。

后来在这一带的冻土层里，又陆续发现了很多这样的巨象。专家们认为，这些长毛象是生活在 2 万年前的动物。

毕莱苏伏加河流域很多人都听说或目睹过那头大象的肉，其肉质富有弹性且非常新鲜，和刚刚屠宰的猪的肉一样。这与以往在土层里发现的其他动物的肉明显不同，因为那些古动物的肉是黏成一团，骨肉难分。

那么是什么原因让古长毛象的尸体保持新鲜不腐的呢？它又是怎么突然死亡的？有人猜测，这些古代长毛象是在觅食时不小心掉进了冰川而被冻死的，这些冰川就是天然的冰箱，所以被冷冻几万年后，它们的肉还是新鲜如初。

事实真是这样吗？科学家们给出了否定的答案，因为科学家勘察后发现，2 万年前的西伯利亚环境与现在截然不同，长毛象生活的年代和区域并没有冰层或是冰川，只有淤泥和沙土构成的冻土和苔原，这就是说，长毛象是被冰冻在冻土层里保鲜的。

于是，又有人猜测：或许那些长毛象是从它们生存的河流的上游失足跌入河中，然后漂到现在这个地方，并被埋在了淤泥中。可是，这个观点同样被否定，因为这些巨象尸体并不是在河床上找到的，而是在距离河床很远的苔原上找到的。另外从它们出土时的姿势上看，它们呈半跪或是站立的姿势，显然它们是突然毙命的。

这一现象给巨象死亡之谜增添上了更为神秘的色彩，因为根据食物冷冻专家的介绍，像西伯利亚这样的气温，不足以让古象被快速冷冻。我们日常要速冻一块 400 公斤左右的肉需要在零下 45℃以下的环境才能够实现，像长毛象这种体重高达 23 吨的庞然大物，则需要零下 100℃以下的低温。如果当时的温度那么低，那藏在长毛象毛发中的金凤花又是从哪儿来的呢？

金凤花喜好温暖湿润的环境，如果当时的温度很低，金凤花则不会生长。可以想象，长毛象是在金凤花丛中觅食时突然被严寒冻死的，温度为什么会骤然下降到那么低，科学家们一时也找不出合理的解释。

如果事实真是这样，那么 2 万年前这里发生过一件怪事：这头长毛象当时正在西伯利亚的冻土上悠然地吃草，一阵突如其来的寒风无情地袭击了它，这种温度极低的寒和我们生活中的电冰箱里循环的冷气一样，瞬间将长毛象全身包围，长毛象的内脏立即被冻结了，血液在这么冷的环境中也结了冰。短短几秒钟，它就被冻死了，几个小时后，它像是一座冰雕的塑像，随着时光的流逝，它慢慢地沉入了地下。

　　但是，这种观点的支持者并没有几个，大家普遍认为，若是有那样的一阵风，那么这地球上的很多动物也必然会被冻结，为什么这里并没有其他动物的尸体出现？长毛象的肉历经 2 万年不变质，或许将会成为一个永远的谜团。

知识小链接

动物学家发现大象有惊人的记忆力：动物园里的大象能记住几十年内每一位来参观的游客！一位 32 岁的突尼斯人游览动物园时从左衣兜里拿出一根香蕉，像众多游客一样喂给大象。二十多年后，他又来到动物园，那头大象一直用鼻子翻看他的左兜，而不理右边衣兜，管理员奇怪，询问游客，才了解大象这项罕见本领。

动物为什么**记仇**

我们小时候就听大人们说过，动物是会复仇的，如果有可能，还是最好不要惹恼了动物。

那么，动物究竟会不会复仇呢？答案是肯定的，并且它们的复仇手段也是非常凶悍的，一点儿不亚于人类，下面我们先从几个动物的复仇故事说起。

在印度，发生过这样让人啼笑皆非的事情：一群大象驮运货物进城，在印度，驯化后的动物能帮人做很多事。当它们卸下背上的货物后，一头大象走到路边散步。路边有一家裁缝店，大象好奇地把头从裁缝店的窗口探进去观望。突如其来的大象吓坏了店内的一个缝纫工人，她随手就扎了大象一针。

这狠狠的一针把这头大象吓到了，它缩卷起长鼻子扭头就走了。过了几个月，这头大象和主人又来到这里。它在卸货以后，走到一个喷水池边吸了满满一鼻子水，然后又走到那家裁缝店边，冲着那个曾经扎过它的缝纫工人喷了出去，然后看了一眼被淋得全身湿透的工人，摇头走掉了。

这确实让人有些忍俊不禁了。

我国云南的西双版纳是亚洲象的生活地之一，这里生活着许多野生大象。有一天，一个猎人到森林中打猎，他发现在河边有一只低头喝水的小鹿，猎

人朝小鹿举起了猎枪。正当猎人要扣下扳机的时候，不远处一声低吼吓了他一跳。

他扭头一看，原来是一头大象快速向他走来。猎人认识这头大象，因为几天前，他曾经误伤过这头大象。他知道，这头大象肯定是找他报仇的，猎人一看情况不妙，就调转枪头，准备向这头大象射击，由于事发突然，猎人慌乱中没有打中大象。他这一开枪反而让大象更为恼火，愤怒的大象奔跑着冲他而来。猎人急忙转身逃命，却不小心被脚下的树根绊倒了。

这头大象来到猎人身边，一脚把猎枪踩断，猎人看准机会爬起来就逃命，那头大象并没有善罢甘休的意思，一路追来，直到猎人被悬崖挡住。猎人抓住一根山崖上的粗藤想逃命，却被大象用鼻子死死卷住，然后朝山崖下抛去，只听一声惨叫，这个猎人被摔死在悬崖底下。

同样在西双版纳，有一个名为刮风寨的村子发生过被大象报复的事情。

刮风寨里有一条小河经过，一天，一头母象带着小象到河边洗澡，小象见到了水十分高兴，它在里面撒起欢来。就在大象母子玩得高兴的时候，不远处几个猎人已经朝它们举起了猎枪。

小象毕竟不够强壮，它刚刚从河里跑出来就被打死了，母象一边用鼻子抚慰自己的孩子，一边号叫着把身边的小树全部撞倒，直到自己精疲力竭才依依不舍地离开了小象，走向森林深处。

过了两天，这头母象又出现在寨子中，而且身后带有十几头成年大象。它们横冲直撞来到刮风寨，由于寨子里的壮年人都去山上干活了，老人孩子只好四处逃命，而这些大象也不伤害这些人，只将寨子里的竹楼全部推倒，而后，大摇大摆地走进了森林。

其他的动物也是如此。在印度曾发生过这样一件离奇的事情，一个猎人在卡查尔森林打猎时，枪杀了两只刚出生不久的

幼豹，他的行为激怒了母豹。母豹偷偷跟着猎人回到他的住处并记住了这个地方，等待着报复的机会。

两天后，猎人又出去打猎了。猎人的妻子领着自己的孩子去田里干活，就在她专心干活的时候，忽然听到孩子急促的哭喊声。猎人妻子这才发现一只豹子叼着自己的孩子飞快地冲向了森林，当她追赶过去时，那只豹子早没影了。

三年后，这个猎人在森林中又打死一只母豹，并在离它不远的巢穴里发现两只幼豹和一个活着的孩子，这个孩子竟是他三年前丢失的孩子。母豹为了报复猎人而叼走猎人的孩子，反过来它也因为猎人的报复而丢了性命。

动物究竟为什么会产生报复行为呢？它们是怀着怎样的心理去做这件事的呢？科学界还没能给出一个强有力的答复。

Part6 第六章

在荒漠中生活的**动植物**

沙漠地区下雨量相当稀少，而蒸发量却很大，人类很难在这种地方生活。尽管如此，这里却依然生活着顽强的动植物。它们是如何在这种恶劣环境下生存的呢？

沙漠地区无疑是地球上水分最少的地方了，这里即使下雨也是季节性的，且分布极不均匀。与此同时，沙漠的昼夜温差很大，这主要是由于沙漠的天气大部分是晴空万里，空气极为干燥，阳光直射陆地。沙漠吸收的温度在晚上又很快散发，空气中的温度骤然下降。

因为没有大型植被，造成沙漠上的风很大，岩石会被风化成沙粒，地表水很难保存。所以在沙漠里，植物的生长受到抑制。白天沙漠是灼热的，到了夜晚又是极寒的环境，这种恶劣的环境非常不利于植物生长。因此，在这样极为干旱的条件下，植物们只能通过空气中的水分来存活。

沙漠晚上的气温会急剧下降，在空气中水分含量不改变的前提下，空气的相对湿度就会上升，这样水分在一些植物表面就会凝集成露珠，这些露珠就给了蜗牛、昆虫以及其他素食的小动物获得水分的机会。

要了解沙漠中的植物为什么抗旱，就要先将沙漠的植物分成抗旱类植物和避旱类植物。

通常来说，避旱类植物生命周期很短，它们的种子却可以长期休眠，一旦遇上天降甘露，它们会抓住机会复苏，然后在短短几个星期内完成它们的生命周期。比如生长在非洲荒漠里的波哈维亚紫茉莉，它从发芽到结出成熟的种子只需短短 8~10 天时间。这类植物一般花朵都很艳丽，它的根系不发达，所以没有储水的器官，只能依靠快速生长、快速生产大量种子来延续后代。而像牧豆树、金合欢等树木的根系就非常发达，它们的根系能深达地下 30 多米，可以从地下水里直接吸收水分。

而典型的抗旱植物有肉厚、多汁、叶小的特点，有的甚至不长叶子，这些植物的表皮比一般植物的要厚，同时，叶孔是紧闭的，这样就能很好地避免植物水分在恶劣环境中蒸发。另外，这些植物的茎肉质很厚，有良好的储水功能。

对于我们来说，最熟悉的抗旱植物当数仙人掌了。它的肉质组织很肥厚，可以积蓄大量的液体，而四处散布的浅根也能吸收地表水分。

我们再看一看沙漠中的动物，这些长相奇特的动物都是为了适应恶劣的环境，在长期进化中改造着自己的身体构造，这样一来就可以靠蕴藏在食物中的水分使身体各个部分的机能正常运转。有的动物很少喝水，有的动物甚至是一生都不喝水。

陆生动物的身体表面、排泄时以及呼吸时都会散失一部分体内的水分，而在沙漠中生活的动物则有各种方法防止水分的散失。

例如，蝎子、爬虫等动物，它们的表皮是几乎不透水的，这样水分就不会通过皮肤散发出去；骆驼是沙漠中的大型动物，有"沙漠之舟"之称，它的生理特点是比潮湿地区的哺乳动物更能忍受酷热，它的体温可以随外部环境而变化，以此来降低因为喘息和出汗失去的水分。

我们知道，所有动物的身体都离不开蛋白质，在细胞进行新陈代谢的同时，死去细胞中的蛋白质就会分解为各种氨基酸。这些氨基酸会和因消化产生的氨基酸进一步分解成氨。氨是有毒的，但是，沙漠里的动物能将氨与其他物质化合，产生无害的尿酸和尿素，从而保护自己。

我们知道，动物体内的氧原子和氢原子结合后会形成代谢水，代谢水对大多数动物来说是废物，但对沙漠里的动物来说却是维持生命的生命之水，一些动物吃的尽管是干瘪的种子，但也能形成代谢水。像蜘蛛等一些节肢动物能够依靠外皮吸收空气中的水分。

躲避烈日的照射是沙漠里每种动物都要学会的生存技巧，而最有效的办法就是钻进洞穴或者藏身在缝隙中。缝隙和洞穴遮挡了强烈的日光，温度相对温和，当地面燥热的时候，这些地方潮湿而且凉爽。

很多沙漠里生存的动物身体结构之所以特殊是有着特别的用处。例如，沙漠中生活的蝎子的螯枝要比生活在其他地方的要大，这是它们挖掘地穴的得力工具。在非洲沙漠，有种叫大钳蝎的蝎子，它们能钻入地下4.8米的深度。而蜥蜴楔形一样的头颅可以将沙子劈开，让自己埋进沙中。有一些甲虫的身子扁平，就像碟子一样，它们左右摆动两下就能方便地钻进沙子。

躲进地下来避免暴晒只是一些小型动物的专利。但是所有生活在沙漠里的动物，不管它们体型大小，身上都有适应沙漠环境的特征。

蜥蜴和蛇在沙漠中行进像是在游泳——把头半埋在沙中，这些爬行动物的鼻孔都是朝上生长，这就避免了沙子钻进鼻孔。蜥蜴的眼睑很大，能有效保护眼睛不受沙子的伤害。大多数会沙泳的蜥蜴是没有腿的，或者它们的腿部很短小，这样就能快速地在沙子上行走，或者是钻进沙子里。

地球上的沙漠地区很多，生活在沙漠中的动物彼此相隔遥远，它们"老死不相往来"，更没有亲属关系，但是它们的外貌和生活习性却非常接近。这种现象在生物学上被称作趋同演化。这主要是由于动物要适应沙漠生活所面临的问题而发生的一种进化。

知识小链接

有着"沙漠之舟"之称的骆驼有令人赞叹的耐旱本领：骆驼出发前喝饱水，能连续 40 多天不用饮水。当行至绿洲，骆驼 3 分钟内可以喝 250~300 升的水，体重从 600 千克，猛地升至 800~900 千克。

■ Part6 第六章

羚羊饮水之谜

在沙漠中生活的哺乳动物都是通过所吃的植物来获取所需的水分，直角羚、野驴和瞪羚通常要经过长途跋涉才能够觅到植物来充饥和补充水分。

研究表明，在东半球沙漠中生存的较大的哺乳动物，会因为缺少水分而引起或多或少的生存问题。野驴之所以能在沙漠中生活，是因为它们有和骆驼一样的身体功能，它们能做到长期不喝水，而一旦遇到水它们就会喝大量水，一部分用来维持体内水分的平衡，一部分储存到体内。

不同的羚羊的抗旱能力是不同的。

直角羚是生活在非洲草原和沙漠的一种野生动物。与其他动物不同，它们所需的水分主要来自于吃的植物中，直接地从水源中获得的水分却很少。直角羚不论雌雄都长着长长的角，它们像尖矛一样锋利，一般都在 75~80 厘米。直角羚的个头也较大，在面对猎豹和野狗袭击的时候，它们通常都不会当逃兵，而是主动攻击。即使狮子这样的猛兽，如果被直角羚的角钉住，也会受重伤。直角羚攻击的时候头部朝地，挥舞着砍刀一样的长角，而且，它的鼻孔呼呼地冒着热气。雄羚有着较厚的肩部和颈部，所以它们在搏击中没那么容易受到致命的伤害，但是雌羚就不同了，它们的皮肤较薄，一般不参与搏斗。

直角羚大多是生活在条件恶劣的沙漠中，很少能喝到地表水，所以基本上都是靠吃植物获得水分。即使到了最炎热的时候，直角羚也不会选择喝水散热，而是寻找一个阴暗的地方躲起来。

知识小链接

水是生物体的重要组成物质，细胞质基质就是液体的环境，在生物体内的水有两种形式，一种是自由水，另一种是结合水。自由水能晒干，结合水则是要烘干才能去掉，要是结合水都没了，那这个生物肯定就死了。

生活在东半球沙漠地区中最常见的羚羊是瞪羚，这种羚羊体型很小，和直角羚的体型相差很多。瞪羚肩高仅仅只有 0.6 米，但生性非常机警，奔跑速度非常快，最快可达到 80 千米/时。瞪羚一般以 5~10 只为一个群体出没在沙漠中。在地中海盆地沙漠地区生活着一种瞪羚，它们体内的水分基本上全部来源于植物的根或者是多汁植物。而生活在苏丹境内的多加瞪羚若是喝不到水，最长寿命也不过 5 天。所以同样是瞪羚，苏丹的多加瞪羚就不能像骆驼那样在缺水的环境中生存。

所以说，水是生命之源，即使是生活在沙漠中的羚羊，尽管它们所需要饮食的水分并不多，但是，它们对于水还是有需求的，我们不能想当然地以为这些动物就不需要水分。

Part6 第六章

昆虫的生存之道

在生活中，我们经常会看到各种各样的昆虫，昆虫究竟是怎么生存的，它们处于一个怎样的生存状态，你是否知道呢？

烟草商们对一种喜欢吃烟草尤其是雪茄和香烟的小甲虫感到头疼不已；而面包甲虫的食物也很特殊，它们专门选择在硬饼干上产卵，却以干木、胡椒、干姜这样辛辣的东西为食。它们的幼虫口味也很特别，尤其对书本的封面、纸张十分偏爱，据说，曾经有面包甲虫的幼虫蛀穿了放在书架上的27本书。还有种名为酒瓶塞蛾的昆虫，其幼虫主要以软木塞为食，所以才起了个这么奇怪的名字。

蛀木是一种甲虫，看它们的名字就知道它们的爱好是什么。这种昆虫最喜欢做的事就是在电话线上蛀孔，被它们蛀过的电话线常因为进了水汽而短路，所以这种昆虫有一个绰号——短路甲虫。人们根据各种昆虫的喜好不同，也会利用它们帮自己工作。比如，博物馆里收集来的动物尸体标本有的还带着腐肉，如果人工清理就会很麻烦，但是如果用吃腐肉的蚜虫来清理骨架上的腐肉就会又快又好，这可比用人工省事多了。

一般情况下，大多数昆虫的寿命只有不到1年甚至更短的时间。常见的家蝇能够活19~30天，蚊子的寿命是 10 天 ~2 个月不等，而东方蠊的寿命是 40 天左右。昆虫与人类不同，劳动并不一定能换回长寿的身体，比如工蚁，理论上它有 6 年寿命，可事实上，很少有活过 1 年的工蚁。

昆虫的寿命长短不一，有的短暂得能用瞬间来形容，就像蜉蝣成虫，它们最长的寿命也只有 1 天；蝉可以生存 17 年，在昆虫界中寿命算是较长的，只是它们的幼虫期占了一生中最长的时间，那时它们只能生活在黑暗的地下靠吸食树根汁液维生，当它们来到地面生活后就只留下几个星期的寿命。白蚁算是昆虫界的寿星，可以活数十年。

臭虫是一种半翅目昆虫，身体构造特殊，它们的翅膀前端非常薄而且透明，而翅膀根部却是厚而坚硬的。臭虫尖锐的口器可以轻松刺入植物里吸食汁液，有时它们也会改善伙食去吮吸动物的血。大部分臭虫以陆地为栖息地，水蚤、田鳖以及仰泳虫等臭虫却是在水中生活。

昆虫的眼睛是独特的，与人类的眼睛截然不同，所以，昆虫眼里的世界与人类眼里的世界是不同的。大多数昆虫的眼睛都是由若干个独立小眼组成，蛾和蜻蜓的眼睛里包含 3 万只小眼，蚂蚁的小眼相对较少，但也有 6 只小眼。

蜻蜓和苍蝇的眼睛对于它们的头部来说是硕大的，头的大半部被 360° 的复眼覆盖，这种眼睛能从前后左右观察到天敌。蚂蚁的眼睛虽然也具备这样的功能，但是已经衰退，有的昆虫的复眼更是摆设，根本没有用处。

蚊子是人类最厌恶的一种昆虫，夏天我们常常被它们骚扰。其实叮人的只有雌蚊，雄蚊多以植物汁液为食。蚊子本身是没有嘴的，它们吸食汁液的是口器，它像针一样刺入人体或植物体表吮吸血液或汁液。蚊子在叮人的时候，口器会先将防止血液凝固的唾液注入人体内，就是这种唾液让我们有骚痒的感觉。吸血的昆虫还有蝇虻，蝇虻种类很多，常见的有豆蚜、牛虻、鹿蝇及绿头蝇，它们也有吸血的爱好，但和蚊子一样，只有成年雌虫才去吸血，雄虫也是以花粉为食。在非洲生活着一种采蝇，它们不论雌雄都以血为食，人若被其叮咬，就会得上昏睡病。

昆虫是地球上最大的物种，可以毫不夸张地说，我们是生活在昆虫的世界里。昆虫分布的地区很广，在生活中的各个角落都能看到它们的身影。

昆虫家族为什么如此壮大呢？第一是昆虫的身体比较小，更容易躲避天敌的捕杀；第二是昆虫的食量小，而且食物也很容易获得；第三是昆虫的生命周期很短，世代交替很快，最大的好处就是适应因环境变化造成的不适；第四是昆虫超强的繁殖能力。

有的昆虫给我们的生活带来困扰，所以有的人想如果昆虫灭绝该多好，这样我们就再也不会被蚊虫叮咬了，农作物也不会因害虫减产了。然而，从另一个角度讲，若是没有了这些昆虫，植物会少了最重要的花粉传播者，植物的繁殖就会遇到困难；没有蜜蜂，我们就不会有蜜糖和蜂蜡；夏天的夜晚也不会有萤火虫的点缀；而那些需要依靠着昆虫而生的动物也会随之灭亡……

因此，我们要明白，事物都具有它的双面性，我们看待事物时，不能只看到它不好的一面。

鸟类筑巢有讲究

你有没有注意过鸟的巢穴？是不是不容易找到？只能在树尖、房屋檐下找到鸟儿的家，它们为什么要花费大力气建在一个不起眼的地方呢？

鸟类筑巢的目的一是为了栖息，另一个目的就是保护雏鸟或者使鸟蛋免受外界侵犯，而且方便雌鸟孵卵。同时，在雏鸟孵化后有一个相对安全的活动空间。

但是，在鸟儿中也有异类，那些雏鸟孵化后就发育健全的鸟类就不需要鸟巢。例如，矶鹬和鷩就在浅水洼里下蛋；而白燕鸥干脆把鸟蛋粘在树枝上；企鹅把蛋放在自己的双脚上；鸵鸟却会将它们的蛋放入比较深的土坑里。

鸟类建巢，相当于人类盖房子，组成家庭的鸟儿也是有分工的。很多情况下，都是由雄鸟来选择筑巢地点，雌鸟负责筑巢。如：雄鸽收集材料，雌鸽专门堆砌；雌雄渡鸦一起收集材料，雌鸟来搭巢；翠鸟和啄木鸟都是雌雄一起挖穴筑巢等。但是，也有两种鸟例外，就是知更鸟和红翼鸟，它们的雌鸟是要对筑巢的工作全权负责的。

当然，鸟类筑巢的材料都是来自于大自然，比起人类的住宅，它们的工作简单多了，主要建材就是随处可得的植物，例如，树枝、树皮、树根都能用来筑巢。

鸟类筑巢都是就近索物，缝叶莺是一种"手艺高超"的鸟儿，它们会先选择树枝上的大叶，用嘴将叶边缝起来筑巢；而蜂鸟则是用地衣造巢；在地上造窝的雀鸟，会用稻草和杂草来造窝；而那些骨顶鸡、潜鸭等水禽却是用水生植物来建巢。随着人类文明的发展，鸟类也在跟着发展，它们也会利用其他的天然材料和人造材料来筑巢，像碎纸、破布和塑料制品就能代替它们传统使用的羽毛和动物毛。

人与自然的和谐发展在鸟类筑巢地址的选择上得到了充分的体现，有的鸟类也喜欢人多热闹的地方。

欧洲的鹳常常栖息在烟囱顶上，而雨燕却离开它们日常活动的地方，住在人类搭建的烟囱里。鸽子们早已放弃了在悬崖峭壁筑巢的习惯，而改在人工搭建的建筑物上。猫头鹰更喜欢在钟楼上或者是壳仓里安家；而燕子更喜欢在人类的建筑上建巢，春天我们很容易在屋檐下见到它们的身影。

鸟类是聪明的，它们会充分利用人类不要的废弃物来造窝，例如，鹪鹩会在人们废弃的花盆、破鞋、生锈铁罐里筑巢，这倒是省了不少力气。

美洲紫燕的巢穴很有意思，它们会选择悬在树枝上的空葫芦里栖息，由于紫燕是捕捉害虫的能手，所以在北美地区很受群众欢迎，当地的居民甚至选择合适的地方为紫燕搭建巢穴，让它们居住。

在澳洲的岛屿生活着一种独特的巨足鸟，它们会把蛋埋在土墩中，这种土墩是用泥土和树叶堆砌而成，从表面看就是一个大土堆。雏鸟从蛋壳里孵化出来后就自己生活，它们是这世界上唯一的跟双亲完全没有接触的鸟儿。因为它们的窝从外面看像是坟冢，所以巨足鸟又有"营冢鸟"之称。

巨足鸟有3种类型——东澳洲大营冢鸟、莱氏营冢鸟和白斑营冢鸟。莱氏营冢鸟筑的土墩宽45.7米，长183米，高则是30.5米。它们的卵不需要成鸟孵化，仅靠阳光和腐叶的热量就能促使胚胎发育。营冢鸟蛋孵化期较长，有的甚至长达8个月，在整个孵化过程中，成鸟会不时挖开土墩，用喙探测土墩内的温度。雄白斑营冢鸟是"模范父亲"，它们如果感到温度太高，就会将沙土挖开，让穴内的温度散发出去；而温度降低时，又要把沙土堆回去，总之会让穴内保持一个合适的温度。

我们知道，常见的鸟巢外形都是杯状，燕雀、陆栖小鸟和知更鸟的巢穴都是这个形状。杯状鸟巢的最大优点是不需要编织搭建，只需要挑选结实的材料就行。

和我们印象中的不同，其实大多数鸟类还是喜欢群居生活的，有95%的海鸟和15%的陆地鸟类都是群居鸟类，群居生活可以促进鸟类更好地交配和繁衍后代。另外，大量的同伴在一起也可以共同抵御外敌的侵害，寻找食物也会方便许多。

为了保护雏鸟不受外来的鸟类或者是蛇及哺乳动物的袭击，选择筑巢的地点就尤为重要了，这也就是为什么鸟类将鸟巢筑在高处，筑在隐秘处的原因了。

Part6 第六章

白狼为什么会灭绝

> 狼这种动物在地球上分布广泛，它们是除了人类之外分布最为广泛的动物。

不久之前世界上还有三十几种狼，除了少数环境恶劣的地区，世界上各个角落几乎都能看到狼的身影。它们中大多数皮毛都是暗灰色和茶色。但是，有一种狼例外，它的毛色是纯白色，这种狼只在人烟稀少的纽芬兰岛的荒山上有分布，这就是白狼。令人惋惜的是，这种梦幻中的动物在1911年惨遭灭绝。

白狼的头和脚呈象牙色，其他部位是纯白色，在白雪皑皑的环境中很难发现它的身影。白狼属于体型较大的狼种，虽然身长将近2米，体重70千克，可其体型却是非常柔美的。

当初白狼的栖息地是加拿大土著人贝尔托克族的领地。贝尔托克族将它们视为神圣的动物。白狼通常到夜晚才出来觅食，最远可奔袭200千米。夏天和春天是它们交配和产崽的季节，它们和其他的狼一样，都是群居生活，公狼和母狼成双成对，在头狼的带领下共同捕食。

白狼的灭绝和视它们为神圣的贝尔托克族有关。英国侵略者攻占贝尔托克族的领地后遇到贝尔托克族人的顽强抵抗，英国政府于是悬赏消灭所有贝尔托克族人。当英国人终于

北极狼一般生活在北极地区的森林里，生活在从加拿大的拉布拉多地区到英国的哥伦比亚地区。由于人类的采伐树木、污染和垃圾破坏，它们失去了居住的地方，目前北极狼已经灭绝。

如愿以偿得到这块土地后，又不时遇到白狼的袭击。

1842年，英国政府又下令杀光所有白狼。随着移民的增加，白狼的生存状况越来越差，世代生活在这里的白狼受到人类的干扰必然会与之发生冲突，这样一来，白狼更不受人们欢迎了。人类不择手段，用尽一切办法来屠杀白狼，1911年，最后一只白狼也惨死在人类手中。

这是人类残害生灵的一次暴行，尽管白狼经常伤害人类，但是它们也是迫于无奈，人们抢占它们的生存空间，它们自然会起来反抗。希望这种生灵的消失能让人类醒悟，地球不仅仅是人类的家园，每个生物都有在地球生活的权利。

■ Part6 第六章

动物与生态

阿根廷最南端的福克兰群岛上曾经生活着一种狼，由于这里距南极圈很近，所以这种狼又被动物学家称为"南极狼"。南极狼是地球最南端的狼。

南极狼的模样更接近于家犬，但是，它们的口稍微宽了点，眼睛比较斜，吻很尖，尾巴也比其他狼短些，垂在后肢间，耳朵是竖立的，不会弯曲。南极狼的犬牙非常锋利，这对食肉动物来说非常重要，因为锋利的犬齿很容易地就能将肉类撕开。

南极狼的毛色可以随着气温的变化而改变，寒冷的冬季它们的毛色比较浅，有的甚至是白色，在冰天雪地里是很好的保护色；炎热的夏季它的毛色又会变深，有的是浅黄色，有的则呈现出红色。

福克兰群岛虽然靠近南极圈，但这里的环境却不像南极那样恶劣，这里潮湿多雾，水草丰美，是放牧的良好场所。18世纪末，这里的居民就主要以畜牧业为主，大量的食草动物给南极狼提供了丰富的食物来源。

狼在人们心中本来就是不受欢迎的动物，再加上它们经常去偷吃牧民的羊和家禽，这让居住在那里的人类对狼的憎恨更深了。为了维护自己的利益，牧民拿起武器，开始捕杀南极狼。

1833 年，英国政府霸占了福克兰群岛，他们的侵入加快了南极狼的灭亡。他们同福克兰群岛的牧人们一起组成了一个巨大的捕狼队，他们带来了枪支，枪响过后，一只只南极狼倒在了血泊中。到了 1875 年，南极狼从这个地方消失了。

知识小链接

在物种多样性不丰富的地方，一种物种灭绝了，比该物种的营养级高一级的生物就会缺乏食物，最后不得不迁徙到其他有食物的地方去，甚至会灭绝。而该物种原本的食物，会因为缺乏天敌，导致繁衍得更多，从而使其他物种的生活空间被挤压，导致生态平衡的破坏。

南极狼的灭绝并没有给人类带来想象中的利益，由于没有了天敌，这里的食草动物和啮齿动物快速繁殖，草原在它们疯狂的啃食下，生态环境遭受严重破坏，原本美丽的大草原在几十年间就消失了，原本丰美的草原沙化成荒漠，牧人们没有了赖以生存的草原，只能另寻他路……

人类是造成**动物灭绝**的主要原因

猫狐是生活在北美洲西部的平原和荒漠中的一种灵巧的狐狸，猫狐的平均体长只有50厘米左右，一双大耳朵将娇小的身体衬托得非常可爱。

成年猫狐的皮毛颜色并不固定，可以随着温度的变化而改变，炎热的夏季，其背毛颜色通常会介于浅黄色和黄灰色之间；寒冷的冬季，其背毛颜色就会变成灰褐色。可是，它们腹部的颜色常年不变，一直是白色。它们的尾巴有的是浅黄色，有的是黄灰色，但尾尖无一例外是黑色的，这一抹黑色显得特别醒目。

猫狐和其他的狐狸一样，是一种杂食性动物，虽然它们喜欢夜晚出来捕捉动物为食，但除了吃肉，它们还吃一些植物来调节胃口。

猫狐在捕捉食物的时候跑得非常快，且非常灵活，就算在快速奔跑中也能敏捷转身，唯一的缺点就是它们没有足够的耐力，所以常常看着到嘴的食物溜走。

山猫、猛禽和狼是猫狐的天敌。猫狐必须要在它们经常活动的地方挖许多洞用来躲过天敌的袭击。猫狐每年挖洞的数量超过60个。挖洞虽然让它

们有了更多的生存机会，但也存在一些弊端，比如，挖洞过多，会殃及自己的幼仔，经常有小猫狐因为洞穴坍塌而被压死。

小猫狐通常在出生 10 周后断奶，跟父母生活 1 年后，小猫狐就会被它们的父母赶出家门自立门户，它们长到 22 个月就已经是成年猫狐了。

18 世纪末，随着美国西部大开发热潮的到来，大量移民迁入这片火热的地区，许多荒地被开垦种田。猫狐经常会闯入农田破坏农作物，猫狐本身没有什么经济价值，所以它们成了人们用来练枪取乐的对象，人们开始大肆地捕捉、猎杀它们。随着人们毫无节制地捕杀，猫狐难逃厄运，1903 年，南加利福尼亚的猫狐首先灭绝，而后没多久，其他地区的猫狐也相继灭绝。

知识小链接

近两千年来，已经有 110 种兽类和 139 种鸟类从地球上消失了，而其中 1/3 是近 50 年内消失的。在这些灭绝的动物中，至少有 3/4 是由于人类直接捕杀造成的，另外 1/4 则是由于人类破坏其生存环境引起的。许多鱼类、昆虫、软体动物和植物，就是由于其生存环境遭受人类破坏而灭绝的。

Part6 第六章

马里恩象龟的灭绝

曾有一种叫马里恩的海龟，当它们被取这个名字的时候，它们生活的水域已经没有其他海龟的踪迹。塞舌尔群岛海域曾经生活着很多海龟，但后来因为人为原因，海龟全部灭绝了。

里恩象龟还有一个名字——塞舌尔象龟，这是一种体型较大的象龟，成年象龟身长有 1.2 米，体重大概有 270 千克。

象龟以草为食，白天象龟们会单独分散到各地去寻找草木，到了晚上它们又会成群地聚在一起。1708 年一个船员在他的航海日记里写道："在这个岛屿上有许多

象龟，它们晚上聚集在一起，一个紧挨一个，就像是地上的铺路石。"通过这段话我们可以看出，18 世纪初，塞舌尔群岛的象龟数量是惊人的。

对于航海人员来说，每一个岛屿就像是一个天然的供给站，他们在那里获得食物，补充必需品。在塞舌尔群岛上，航海员们最早认识了这种

知识小链接

世界上最大的海龟是墨西哥棱皮龟，但它正逐渐从墨西哥水域消失，并在全球濒临灭绝。棱皮龟可以长到 1.8~2.4 米长，重 544~680 千克。据官方提供的数字，在墨西哥，棱皮龟数量已经从 1982 年的 11.5 万只下降到 1996 年的 2 万~3 万只。

象龟，为了补充食物，他们把这些象龟的肉腌起来方便在漫长的海途中食用。后来，航海员偶然发现，象龟在几个月不吃东西的情况下还能存活，这对海员来说，象龟无疑是提供新鲜肉食的最好动物。

从此，象龟成为猎杀的对象。根据18世纪的船员的航海日记我们可以看到，那时专门捕象龟的船一次要捕捉1000~1600只象龟。1766年，马恩里象龟被作为吉祥物送给了毛里求斯的法国军队司令部。18世纪，英国占据了毛里求斯，马里恩象龟变成了英国人的战利品，而在这期间，有数十万只象龟遭受灭顶之灾。1800年，塞舌尔群岛很难找到象龟的踪迹了。最后一只马里恩象龟是在1918年死去的，而这只象龟是被一名军官的手枪走火误伤而死。

这只最后死去的象龟被人工饲养的120年里一直受到良好的照顾，如果看它的军官没有携带枪支的话，它可能会活得更久。

■ Part6 第六章

野兽为什么会**抚养**人类的孩子

前面我们讲过一只豹子为了报复猎人叼走猎人的儿子，在森林抚养了这个小孩三年的故事，下面我们再来看几个动物抚养人类小孩的故事。

狼孩的报道很多人都听说过。20世纪初，印度发生了一件轰动一时的新闻，1920年，生活在印度那波尔小城的人们时常看到城外的森林里有狼出没，狼是很常见的野兽不足为奇，但是有人曾看到在狼群里有两个像人一样的怪物，他们像狼一样四只脚走路。后来，那几只大狼先后被打死了，人们在狼窝里发现了那两只"怪物"，人们赫然发现"怪物"竟然是两

个女孩。她们裸露着身体，大的有七八岁，小的才两岁。两个孩子获救后，第二年大孩子就不幸去世了，小女孩在14年后也去世了。

1988年，德国也发生过一起狗抚养人类小孩的事情。德国一对夫妇养着一只母狗，夫妇视狗为家庭一员，两人工作非常繁忙，并且时常出差在外，他们便训练自己家的狗照顾宝宝。母狗很称职地照看着小孩，但随着孩子的成长，父母发现这个孩子竟然学会了狗的一些习性，成为了一个"狗孩"。

　　类似的事情在世界其他地方也发生过多起，而且抚养人类孩子的动物也不局限于羊、猴等小型动物，甚至像豹子、熊也会抚养人类的孩子。

　　这些野兽为什么会对抚养人类孩子有兴趣呢？人们提出了不同的看法。有人认为，母兽的母性本能甚至超过人类，尤其是像母狼、母豹，它们在丧失自己的幼崽后，可能会掠取别的幼崽进行哺育。还有一些人的看法是，被遗弃在郊外的孩子身上或多或少会沾染上其他野兽的气味，所以，那些野兽会误以为这就是自己的幼崽，所以带回哺养。现在甚至有科学家在没有亲眼所见之前不相信狼会哺育人类的孩子。动物为什么会错认人类的孩子，科学界还没有统一的结论。

知识小链接

　　我们必须清楚的是，当人类的孩子被野生动物弄到它们的窝里去抚养的时候，这些孩子就错过了自己自然学习的关键期，不可避免地沾染上其他动物的习性，一旦孩子习惯了这种生活就很难再适应人类的生活方式。所以我们在保护好自己孩子的同时，也要做到保护动物，使人类和动物们都有自己的生活空间。

■ Part6 第六章

花之密语

当你看到花朵怒放的时候，脑海里是否会浮现这样的问题：为什么花儿会盛开？看上去这个问题很好回答，很多人都会理所当然地说：花儿开放就是为了结果的，但是，那些只开花不结果的植物又做何解释呢？

花儿盛开的问题，对于科学家们来说也是一个难题呢！

在一百多年前，德国植物学家萨克斯提出，花儿的开放主要是因为植物中有种支配着它们开放的特殊的化学物质。可是，这种化学物质究竟是什么，萨克斯和以后的研究者都没有找到。

1920 年，美国科学家加纳尔和阿拉德发现有一种冬季开花的美洲烟草，这种植物和其他植物不同，它在夏季生长旺盛，生长得也很快，但就是不开花。冬天时，这种植物生长缓慢，却能开出花朵。

这一现象引起了科学家们的关注，经过调查，科学家们发现这一现象在很多的植物身上都有发生。究其原因，他们认为这应该是冬季昼短夜长的原因，植物体内有一种化学物质，它们对日照时间非常敏感，

> **知识小链接**
>
> 在印度尼西亚苏门答腊的热带森林里，生长着一种十分奇特的植物，它的名字叫大花草，是目前世界上最大的花。它一生中只开一朵花，花朵能够长到直径 0.9 米，最大的直径可达 1.4 米，质量最重可达 25 磅，也就是 11 千克。

这种物质被科学家称作是"开花素"。

科学家长期以来都试图从开花植物中提取出"开花素"来进行研究，1961年，林肯和助手终于从开花苍耳中提取出科学界一直在苦苦寻找的"开花素"。就在科学家们进一步分离提纯这种混合物质时，这种活性物质竟然挥发不见了。因此，直到现在，我们依然不清楚"开花素"的化学性质和结构。

而目前科学界已知的植物内的物质，例如，水杨酸、脱氧核糖核酸、赤霉素等都有开花活性，它们与"开花素"又有什么内在联系，我们还需要进一步研究才能找到答案。

Part6 第六章

植物为什么会发声

你见过会发声的花吗？它是一种什么样的植物？为什么植物也会发出声音呢？

在辽宁省朝阳市的一个退休职工戴某家里，发生了一件怪事，他们家的十字梅花竟然会发声。

1995 年 3 月的一天，很多慕名而来的人都亲眼见证了这株奇怪的植物。在人们的等待中，那株十字梅花果然发出"嘟嘟"的声音，这种声音持续了 3 秒，而后，这盆花每隔五六分钟便会重复地发一次声。

这究竟是怎么回事，大家啧啧称奇，有人问是不是花叶上藏着的昆虫在叫，但大家把花盆里里外外花枝花叶都找了一遍，都找不到任何昆虫的踪迹。

这株十字梅花是戴某的儿子送来的，在他们家已经养了有两年时间，长势一直很好，当时是头一次开花，但第一次开花就发现它与众不同，因为从来没听说过谁家的十字梅花会发出声音。

十字梅花会发声虽然世间罕见，但它有节奏地发出声响而且彻夜不休，已经严重地影响到两位老人的正常休息，所以，他们不得不把这盆原本放在客厅的花放进一间空闲、隔音的房间。

究竟是什么原因使这株植物像动物一样发出声音的呢？朝阳市园林部门的技术人员介绍说，到目前为止他们还没有看到过世界科技文献上有过会发声植物的介绍，这是一个很神奇的事情。或许只有等研究花草的科学家们仔细地研究了才能有一个更为确切的答案。

知识小链接

虽然我们听不见植物说话的声音，但是植物学家们用一种特殊的装置收听到了植物生长时发出的声音。20世纪70年代，一位澳大利亚科学家发现，当植物口渴或缺乏营养时，其根部就会发出一种微弱的声音。最近，科学家又研制出一种"植物活性翻译机"。只要这种机器连上放大器和合成器，人耳就能够直接听到植物发出的声音。

我们这个世界真的无奇不有，目前还无法用科学来解释为什么这种花能发出声音，或许在未来的某一天会发声的花真的会成为一项重要的研究课题，引领着我们走向一个完全未知的领域，开拓我们的视野……

Part6 第六章

能跳舞的**风流草**

有会唱歌的花，就会有跳舞的花。在丘陵山地里有一种能翩翩起舞的植物，人们把它称作"风流草"。这种风流草在印度、越南、菲律宾和我国的云贵高原、四川、台湾等地都广有分布。

尽管这种植物被人叫作是草，但它们真实的身份却是一种小型灌木。其高度只有 15 厘米，茎呈圆柱状。它们的叶子则由 3 枚小叶子组成，两侧复叶相对中间的叶子来说要小一点，外观如矩形或线形，中间的那片大叶子呈椭圆形。

风流草对阳光很敏感，只要太阳光照在它的叶片上，两侧的复叶就会不由自主地向上收拢，而后又快速垂下来，就这样不停地挥舞着叶片，就像舞者舒展着手臂一样。而且，让人不解的是，这种风流草叶子的旋转是有节律的，真如舞蹈家跳着有韵律的舞蹈。

风流草一见阳光就会尽兴地跳舞，仿佛不知疲倦般，一旦它们起舞，就要等到傍晚太阳下山了才会停下来。每到一天正午阳光最强烈的时候，也是它们跳舞最起劲、频率最快的时候。

风流草里有一个分支叫作"圆叶舞草"，其顶部有圆形小叶或者是卵形小叶，它们跳动起来更加轻快灵动，比其他风流草的"舞技"更胜一筹。

为什么风流草会有见光起舞的独特本领呢？植物学家们现在的共识是风流草的起舞与阳光的强弱有关，当太阳光照强烈到一定程度的时候，他们便会起舞；反之，则不会。这就好像是向日葵的花盘总是冲着太阳转动一样。

然而，植物学家在进行深入的研究后，对上面的观点又产生了分歧。有的人觉得这是生物的一种适应性，风流草起舞的时候，可以躲避一些飞行昆虫的侵害；还有人认为，植物体内的微弱电流和方向变化能引起植物晃动，风流草的电流可能要强一些，所以才会强烈地舞动；还有些人则认为是风流草的细胞生长速度过快使它舞动。

关于风流草舞动的原因，科学界众说纷纭，风流草舞动的谜团看来还需要科学家们进一步地研究才能解开。

知识小链接

舞草又名跳舞草、情人草、无风自动草、多情草、风流草、求偶草等，属豆科舞草属多年生的木本植物，喜阳光，各枝叶柄上长有3枚清秀的叶片，当气温达25℃以上或在70分贝声音刺激下，两枚小叶便绕中间大叶"自行起舞"，故名"舞草"。

■ Part6 第六章

果树为何需要**休息**

如果你栽种过果树就会发现这样一个奇特的现象，那就是果树今年结果特多，到了明年的时候，它就会"休息"一下，结果很少，甚至不结果。人们通常把这种现象叫作果树的大小年。

果树这种限制产量的大小年，不但给果园生产、管理带来了困难，影响了市场的正常供应，而且可以使果树本身加速衰老。很多年来，人们一直在探索果树产生大小年的原因。一般认为果树结果的多少，是由花芽的数量和花、幼果脱落情况决定的。如果头年果树形成的花芽很多，那么次年开花数量自然也会很多，为丰收奠定了基础；相反，如果第一年果树形成的花芽数量少，那么次年结果也会相应减少。那么花芽多少是由什么决定的呢？通常认为，这是果树在生长阶段，养分积累不同导致的。如果果树结果多，大部分养料被正在生长发育的果实吸收，而果树枝条只得到微不足道的营养，这就影响了花芽数量，决定了第二年果树开花的数量不多。但是，天有不测风云，人有旦夕祸福，果树也是一样。如果遇到自然灾害，再多的花芽也无济于事。

目前已从形态解剖学上找到了理论根据，来解释果树大小年中的花、幼果脱落问题。经研究发现，控制花幼果脱落的"机关"就藏在花柄和果柄的基部，也就是植物学上所说的"离层区"。

当花、幼果脱落时，"离层区"里的细胞快速地生成一分离层和一保护层组织。分离层至少有两层细胞。这部分细胞与周围其他细胞相比，小而狭长，里面有丰富的原生质、淀粉和可溶性糖。当位于分离层细胞中胶层里

知识小链接

吃水果要不要削皮？在水果生长过程中，为了防治病虫害，果农往往会多次喷洒农药，一些农药能浸透并残留在果皮蜡质层中，如果不削皮就吃，时间一长，农药就会在身体内形成残留，危害我们的健康。所以吃水果前还是削皮的好。

的果胶酸钙转变成小分子的可溶性多糖醛酸后，中胶层也就随之消失，于是两层细胞也随之分离，最后两者也不再有联系。这时，发生分离的组织就承受不了花、幼果的重量，只需一阵微风，花、幼果便会随风而去。脱落后，保护层在表面会发生木栓化，可以保护断处免受病虫害的侵袭，并且能防止失水过多。既然人们已经从形态解剖学上了解了产生花、幼果脱落的原因，那么，在不久的将来，人们定可以从生理生化的角度来阐明这种机理，成功地达到人工控制花、幼果脱落，解决果树大小年给生产管理带来的困扰。从上述对于果树产生大小年原因的分析当中，我们可以看到合理解决果树营养生理上的矛盾，是解决果树大小年行之有效的办法。有人就在想，在果树大

年的时候摘掉一些果子，多保留一些养料在树枝中，多一些花芽形成，就可以保证来年的继续丰产了。人们做了多次试验，但结果并不像人们想象的那么美好。主要是人们并不能掌握疏果的标准。疏多了，

当年的产量降低了；疏少了，来年不能继续大丰收。

　　既然疏果的目的是为了减少果树体内营养物质的消耗，那么，是不是疏掉一部分花的效果会更好呢？因为及早疏去一些花朵，可以使节省下来的营养成分被枝叶吸收，使枝叶生长得更加繁荣茂盛。美国科学家倍雷曾做了这样的试验：他将花嫁苹果和旭苹果的花都疏去 70% 以上，试验结果达到理想中的效果，不但攻克了果树的大小年这种限制果实产量的难题，而且获得了大丰收。但是这个方法费时费工，在生产方面实用价值不大，得不到推广应用。